家常肉菜一本就够

甘智荣 主编

江苏凤凰科学技术出版社

图书在版编目（CIP）数据

家常肉菜一本就够 / 甘智荣主编 . — 南京 : 江苏凤凰科学技术出版社 , 2015.10（2019.4 重印）
（食在好吃系列）
ISBN 978-7-5537-4301-1

Ⅰ . ①家… Ⅱ . ①甘… Ⅲ . ①家常菜肴 – 荤菜 – 菜谱 Ⅳ . ① TS972.125

中国版本图书馆 CIP 数据核字 (2015) 第 065605 号

家常肉菜一本就够

主　　编	甘智荣
责任编辑	张远文　葛昀
责任监制	曹叶平　方晨
出版发行	江苏凤凰科学技术出版社
出版社地址	南京市湖南路 1 号 A 楼，邮编：210009
出版社网址	http://www.pspress.cn
印　　刷	天津旭丰源印刷有限公司
开　　本	718mm × 1000mm　1/16
印　　张	10
插　　页	4
版　　次	2015年10月第1版
印　　次	2019年4月第2次印刷
标准书号	ISBN 978-7-5537-4301-1
定　　价	29.80元

序言

PREFACE

猪肉可以说是百姓餐桌上的常客，不管是家庭主妇，还是职业厨师，都能就它的烹制方法、经典菜品说上好一阵。如果烹调得宜，其迷人的肉香和诱人的滋味不仅能让人大饱口福，还对人们的身体健康大有裨益。为此，我们精心编写了此书，书中精选了数百道人人爱吃的猪肉菜，并将猪肉的拌、炒、烧、蒸、卤等常用技法尽收其中，让你一次通通学会。全书从家庭烹饪的角度入手，讲究烹饪的易学、快速、经济，风味南北兼具，菜色花样迭出，能充分满足一家老小一日三餐之需。同时，书中还涵盖多条健康烹饪常识，如名师的贴身指导，可让你快速成“菜”，也可以为家人合理搭配、健康配餐。另外，本书还具有以下两大鲜明特点:

第一，面向大众。本书从烹饪技巧入手，巧妙编排，其中精选的猪肉菜谱不仅好学易做，且解馋开胃，让你在家就能轻松做出不同风味的猪肉美食，全面满足你的需求。

第二，精美实用。本书所选菜例皆为简单的菜式，材料、调料、做法面面俱到，烹饪步骤清晰，详略得当，同时配以精美彩图，制作要点一目了然，易于操作，让你做菜更加得心应手。

变化无穷的猪肉菜谱，给你“大块吃肉”的超爽享受，无论是肥腻中透着清香的红烧肉、入口即化的蒸肉，还是油亮亮又下饭的炒肉，其浓郁的肉香、诱人的滋味都会让你口水直流、无法抵抗，让你的味蕾全面绽放。

目录

CONTENTS

PART 1 猪肉大杂烩

PART 2 鲜嫩可口丸子

PART 3 美味营养煲汤

解决猪肉油腻的简便方法

猪肉营养丰富，滋味醇厚，但由于其中的脂肪含量高，人们想吃又担心太过油腻。其实，在用其烹调时掌握一些处理小诀窍，就可以做出鲜美可口且吃起来不腻的菜肴。下面，我们为大家介绍几种简单实用的方法。

❶ 煨式解腻法

不管猪肉有多肥、有多腻，如果采用煨的方式成菜，就能在无形之中分解猪肉的腻人之感，而且成菜后，猪肉更加香醇可口而不烂。煨的方式很多，其中采用瓦罐煨式法效果更佳。瓦罐煨式法所采用的瓦罐为老式的专门煨肉的瓦罐，中间大两头小，这样在煨制时更能有效地封住罐口，保持猪肉的香味。应注意的是，采用瓦罐煨式法是不能掺水的，因为调料里面的水分足以使肉在小火状态下成熟，如果掺了水，将使其风味大打折扣。

此外，采用瓦罐煨式法所用的猪肉也不一定切片，可根据需要切条，也可切丁，配料可加入干豆角，亦能增加不错的风味。

虽然瓦罐煨肉油而不腻，但是由于所需柴渣难找，而且在餐馆里面制作也不卫生，所以不可能全面推广。因此，可采用微波炉以最小的能量来煨制，但煨制的时间应比柴渣煨肉的时间稍短。

❷ 蒸式解腻法

川东有一道地地道道的农村风味菜，叫“卷子”，是用纯猪板油切片后与全蛋淀粉一起搅匀，平铺在蒸盘内，在上面铺一层网油，然后上笼蒸熟切片装盘食用。虽然全沾肥，但吃起来并无油腻之感。我们还可将猪蹄、猪五花肉改刀码匀调料装入容器，用保鲜膜封口，入笼蒸至软，即可装盘。这时，可根据口味来决定最后一道工序。如不喜辣者，可蘸香醋碟食之，在解除油腻之感的同时，亦能增加可口的风味；而如果是喜辣者，可净锅掺入熟菜油至七成热后，下入干辣椒节、干花椒至其色泽稍变起锅，淋于其上，那风味更上一层楼，粉蒸肉之类的菜肴，便属此类型。做粉蒸肉还可以把南瓜雕成小罐形，将调好料的粉蒸生肉放进罐中再上笼蒸熟，不但最大限度地解除了粉蒸肉的油腻之感，而且猪肉的肉香、米粉的米香，再加上南瓜的瓜香，三香合一，美味无比。

夹沙肉还可以用改甜味为咸鲜味、改蒸为炸的方式成菜。其方法为：将加工好的猪肉改为连夹片，并加入姜、葱、盐、料酒和匀，然后把香菇、大葱、竹笋改刀成颗粒后，加入糯米饭和精盐、味精、香油、姜粒、蒜粒和匀，夹入改刀成连夹片的猪肉中，再上笼蒸软待用，然后裹匀全蛋淀粉，沾匀面包糠入锅炸至外酥里嫩，随生菜、甜面酱上桌即可，口感甚佳。

❸ 肉泥式解腻法

肉泥式解腻法不但能将边角料利用起来，而且成菜形式多样，口感宜人，全无油腻之感。

传统方法多为酿，如酿苦瓜、酿南瓜、酿甜椒，而广东有一种酿的方法更为独特：选大白菜的菜叶洗净后，用滚水稍烫，再将调好味的肉泥放在菜叶中间，然后合拢，用青葱将其捆住入笼蒸熟，随生抽上桌即可食用。

如果把肉泥铺在大白菜叶上面，上笼蒸熟后装盘效果会更好。其方法为：将肥四瘦六的猪肉泥加入食盐、姜粒、鸡蛋清和匀，将大白菜叶切成长方形，再把肉泥平铺在大白菜上面，之后在肉泥上面铺一片白菜叶，然后在大白菜叶上面铺一层肉泥，如此铺四层肉泥、五层白菜叶后上笼蒸熟，取出装盘，然后淋入玻璃芡，味道咸鲜可口，清香宜人。但应注意的是，不能蒸得太久，否则不但肉质粗老、影响口感，而且白菜叶蒸烂后也不易成型。另外要注意其盐味不能大，否则风味会尽失。

猪肉搭配的黄金组合

猪肉营养丰富，含有大量的蛋白质，是人们补充营养成分的重要来源。据研究，猪肉与某些食材搭配同食，不仅可以增加营养成分，还有强身健体、预防疾病的作用，了解这些黄金搭配组合，更有益于您的健康。

❶ 猪肉、南瓜同食可预防糖尿病

南瓜有降血糖的作用；猪肉营养丰富，有滋补作用，二者同食可预防和帮助治疗糖尿病。

❷ 猪肉、草菇同食可提高免疫力

猪肉含有丰富的蛋白质，草菇的维生素C含量高，两者同时食用能促进脂肪和胆固醇的分解和排泄，还能提高机体免疫力。

❸ 猪肉、芋头同食能补益身体

芋头含有丰富的营养物质，同猪肉一起食用可以对人体起到很好的补益作用。

❹ 豆苗、猪肉同食能促进消化

豆苗中含有多种维生素和人体必需的微量元素，同猪肉一起食用可使人们得到全面的营养，对体虚、胃寒、食欲不振、消化不良患者有很好的补益作用。

❺ 猪肉、萝卜同食有利于消化吸收

猪肉和萝卜同时食用有利于营养物质的吸收、消化。

❻ 白菜、猪肉同食能补血

白菜与猪肉同食对营养不良、贫血、头晕、大便干燥者很有帮助。

食用猪肉的禁忌

猪肉主要含脂肪、蛋白质、碳水化合物及钙、磷、铁等多种营养成分及矿物质，是人们餐桌上的常备食物，但是猪肉在食用的时候也有很多禁忌，不加注意也会影响健康。

❶ 儿童不宜多食猪肉

猪肉（尤其是肥肉）中含有丰富的脂肪，脂肪供给人体大量的热量，在胃内停留时间会较长，影响蔬菜、豆类品等其他食物的进食量。正在发育期间的儿童，要求各种营养比例适当，过多摄入脂肪的话，不但容易发胖，而且会影响正常发育。

❷ 猪肉不宜在刚屠宰后煮食

屠宰后的猪肉需经尸僵、成熟、自溶、腐败四个阶段。在常温下，刚屠宰的猪处于尸僵阶段，此阶段的猪肉干燥、无自然芬芳的气味，不易煮烂，且食后不易消化。因此经过1～2天，猪肉进入成熟阶段时，煮食才最为适宜。

❸ 老人不宜多食猪肉

造成动脉硬化的主要原因是半胱氨酸，半胱氨酸是蛋氨酸在人体某种酸的催化作用下形成的。瘦肉中的蛋氨酸含量较高，同时半胱氨酸会直接损害动脉细胞，形成典型的动脉粥样硬化斑。老人血管弹性较差，血液黏稠度较高，发生动脉硬化的可能性较大，故不宜多食猪肉。

❹ 猪肉食用不宜用热水浸泡

猪肉脏了后人们常用热水浸泡洗涤，这是很不恰当的。因为猪肉的肌肉组织和脂肪组织中含有大量的肌溶蛋白，在肌溶蛋白里含有有机酸、谷氨酸和谷氨酸钠盐等鲜味成分，食用前用热水浸泡，会使猪肉的鲜味成分大受影响。

猪肉大杂烩

猪肉是人们最常食用的肉类之一，它以味道鲜美、营养全面等特点赢得了人们的青睐。猪肉中的纤维较为细软，结缔组织较少，肌肉组织中含有较多的肌间脂肪，经过烹调加工后口感特别鲜美。此外，猪肉含有丰富的优质蛋白和人体必需的脂肪酸，能改善缺铁性贫血，因而深受人们欢迎。

鱼香豆腐酿肉馅

材料

豆腐、猪肉各300克，辣椒20克

调味料

食盐3克，淀粉10克，老抽5毫升，醋6毫升，食用油、白糖各适量

做法

1. 猪肉洗净，剁碎；豆腐洗净，切大块；辣椒洗净，切粒；老抽、醋、白糖调成鱼香汁。
2. 豆腐中间挖一小口，放入肉馅；油锅烧热，放入豆腐煎熟后，捞出。
3. 锅中留底油烧热，倒入剩余猪肉和辣椒翻炒，将豆腐回锅，加入食盐、鱼香汁推匀，稍煮，用淀粉勾芡即可。

香炸潮式果肉

材料

猪肉400克，花生50克，面皮适量

调味料

食盐3克，鸡精3克，姜、蒜各10克，食用油适量

做法

1. 生猪肉洗净，剁蓉；花生去皮洗净，切碎；姜、蒜均去皮洗净，切末。
2. 将猪肉、花生加盐、鸡精、姜末、蒜末搅匀，做成馅，用面皮裹成长条备用。
3. 起油锅，放入上述备好的食材，炸至酥脆，捞出控油，切段后摆盘即可。

酥炸韭香里脊丝

材料

韭菜150克，猪里脊肉250克，黄瓜50克，圣女果2个，面皮适量

调味料

食盐3克，鸡精2克，食用油适量

做法

❶ 猪里脊肉洗净切丝；韭菜洗净切段；黄瓜洗净切片；圣女果洗净待用。

❷ 将猪里脊肉、韭菜加食盐、鸡精搅匀，做成馅，用面皮裹成长条备用。

❸ 起油锅，放入上述备好的食材，炸至熟透后捞出控油，切段后再和切好的黄瓜、圣女果一起摆盘即可。

大盘肉

材料

五花肉200克，泡椒200克

调味料

蒜末15克，姜片10克，食盐3克，味精3克，食用油、卤水各适量

做法

❶ 将五花肉在火上烧去残毛，洗净后入沸水中汆烫，捞出备用。

❷ 锅中放入卤水，下五花肉入卤水中卤制40分钟，取出切片。

❸ 锅中放入少许油，将肉片炒出油，下入姜、蒜、泡椒、盐和味精焖至入味即可。

脆皮香肉卷

材料

猪肉400克，鸡蛋2个，面皮适量

调味料

食盐3克，葱5克，孜然3克，食用油、淀粉各适量

做法

1. 猪肉洗净，剁蓉；鸡蛋去壳，打散，加入食盐与淀粉搅匀，做成糊状；葱洗净，切碎。
2. 将猪肉蓉用面皮裹成段状，再将其表面裹上一层做好的淀粉糊备用。
3. 起油锅，放入上述备好的食材，炸至熟透，捞出控油，沥干摆盘，撒上葱花、孜然即可。

麻果肉

材料

猪肉350克，黄瓜、圣女果、红椒各适量

调味料

食盐3克，白芝麻10克，食用油、白糖、水淀粉各适量

做法

1. 猪肉洗净切块，加盐拌匀，裹上水淀粉；黄瓜洗净切片；圣女果洗净切开；红椒洗净切片。
2. 起油锅，放入猪肉块炸至酥脆，捞出控油。
3. 另起油锅，放入白芝麻爆香，再加入白糖烧至溶化，放入炸好的猪肉炒匀，装盘，将切好的黄瓜、圣女果、红椒摆盘即可。

葫芦金丹

材料

猪肉350克，大米、面包屑、酥果各适量

调味料

食盐3克，鸡精2克，食用油、淀粉各适量

做法

1. 猪肉洗净，剁蓉，加入盐、鸡精、淀粉、清水，做成肉泥，捏成葫芦状备用；大米洗净，煮熟备用。
2. 将煮熟的米饭摆成圆形，面包屑入油锅略炸，摆成葫芦状，酥果摆盘。
3. 起油锅，放入捏好的猪肉炸至熟透，摆在米饭上即可。

美味千层肉

材料

猪肉250克，白菜150克，饺子皮适量

调味料

食盐3克，鸡精2克，蒜10克，食用油、老抽、辣椒粉、淀粉各适量

做法

1. 猪肉洗净，剁蓉；白菜洗净，切末；蒜去皮洗净，切末。
2. 将猪肉、白菜加食盐、鸡精、蒜末、老抽、淀粉做成肉泥，用饺子皮包好，做成饺子备用。
3. 起油锅，入饺子炸至熟透，撒入辣椒粉，略炸一会，捞出控油，摆盘即可。

油炸牙签肉

材料

猪里脊肉450克，鸡蛋1个（取蛋黄），牙签若干

调味料

葱末、姜末各15克，食盐1克，食用油、糖、白醋、沙司、柠檬汁、淀粉各适量

做法

1. 葱、姜均洗净切成末；猪里脊肉洗净，切成片，用葱、姜腌渍后，再用蛋黄、淀粉上浆待用。
2. 将肉片反复重叠数折，用牙签串起来，入油锅，炸至肉片起壳，装盘。
3. 锅中加油烧热，加入白醋、柠檬汁、糖、沙司、盐一起做成味汁，淋在肉串上即可。

风味片片脆

材料

猪肉400克，西蓝花、土豆各100克，青椒、红椒、白萝卜各50克

调味料

食盐3克，鸡精2克，食用油、老抽、料酒、淀粉各适量

做法

1. 猪肉洗净，切片，加适量盐、鸡精、老抽、料酒、淀粉混合均匀备用；将其余原材料处理干净切好。
2. 热锅下油，放入猪肉，炸至熟透，捞出控油，摆盘。
3. 另起油锅，分别将西蓝花、土豆炒熟，均加入食盐、鸡精调味，摆盘，将切好的青椒、红椒、白萝卜直接摆盘即可。

炸肉串

材料

猪肉250克，鸡蛋2个，面皮、木签适量

调味料

食盐3克，葱20克，鸡精2克，食用油、老抽、醋、淀粉各适量

做法

1. 猪肉洗净，剁蓉；鸡蛋去壳，打散备用；葱洗净，切末。
2. 将猪肉与鸡蛋液、食盐、鸡精、葱、老抽、醋、淀粉混合，做成肉泥，用面皮做成卷，然后用细木签串成肉串备用。
3. 起油锅，放入肉串，炸至熟透，捞出控油，装盘即可。

椒麻里脊球

材料

猪里脊肉350克，青椒、红椒各20克，鸡蛋液适量

调味料

食盐3克，鸡精2克，白芝麻5克，花椒5克，食用油、淀粉各适量，干红辣椒10克

做法

1. 猪里脊肉洗净切丁；青椒、红椒洗净切片；干红辣椒洗净切段。
2. 将里脊肉加入食盐、鸡精、鸡蛋液、淀粉拌匀，入油锅炸至酥脆，捞出控油。
3. 锅内留少许油，加入白芝麻、干红辣椒、花椒爆香，放入炸好的里脊肉、青椒、红椒炒至入味，装盘即可。

细沙夹肉

材料

猪肉500克

调味料

食盐3克，鸡精2克，黑芝麻10克，食用油、淀粉各适量

做法

❶ 猪肉洗净，切片，加入盐、鸡精、黑芝麻、淀粉混合均匀备用。

❷ 热锅下油，烧至七成热时，放入做好的猪肉，炸至酥脆熟透，捞出控油，摆盘即可。

脆皮夹沙肉

材料

猪肉250克，芹菜100克，春卷皮适量

调味料

食盐3克，鸡精2克，葱花10克，食用油、老抽、醋、淀粉各适量

做法

❶ 猪肉洗净，剁蓉；芹菜洗净，切碎。

❷ 将猪肉、芹菜加入盐、鸡精、葱花、老抽、醋、淀粉混合均匀，做成馅，用春卷皮裹好备用。

❸ 锅下油烧至七成热，放入裹好的春卷炸至熟透，捞出控油，摆盘即可。

腐皮葱花肉

材料

猪肉200克，腐皮200克，鸡蛋1个

调味料

食盐3克，鸡精2克，食用油、老抽、淀粉各适量

做法

❶ 猪肉洗净，剁蓉，加入食盐、鸡精、老抽、淀粉混合，做成肉泥备用；腐皮洗净备用，鸡蛋去壳，打散备用。

❷ 将肉泥均匀地铺在腐皮上，叠起来，切长段，在其表面刷上一层蛋液。

❸ 起油锅，放入裹好猪肉的腐皮炸熟，捞出控油，摆盘即可。

葱花肉

材料

猪肉300克，面皮适量

调味料

葱花10克，食盐3克，鸡精2克，食用油、料酒、老抽、醋、淀粉各适量

做法

❶ 猪肉洗净，剁蓉，加入食盐、鸡精、葱花、料酒、老抽、醋、淀粉搅成肉泥，然后用面皮包成长条状备用。

❷ 油锅加热，放入上述做好的食材，炸至熟透，捞出控油，冷却后即可食用。

香麻里脊

材料

猪里脊肉500克，香菜少许

调味料

食盐3克，白芝麻15克，鸡精2克，食用油、水淀粉各适量，干红辣椒20克

做法

❶ 猪里脊肉洗净，切长条；干红辣椒洗净切段；香菜洗净。

❷ 将猪里脊肉加入食盐、鸡精、水淀粉混合均匀，再在表面裹上一层白芝麻备用。

❸ 起油锅，放入干红辣椒爆香，放入猪里脊肉炸至酥脆，捞出控油，装盘，用香菜点缀即可。

一品里脊

材料

猪里脊肉250克

调味料

食盐3克，葱花5克，鸡精2克，食用油、老抽、淀粉各适量，干红辣椒20克

做法

❶ 猪里脊肉洗净，切片，加入食盐、葱花、鸡精、老抽、淀粉、适量清水混合均匀备用；干红辣椒洗净，切段。

❷ 热锅下油，放入干红辣椒爆香后，放入猪里脊肉煸炒至熟，起锅装盘即可。

软炸里脊

材料

猪里脊肉400克，鸡蛋2个

调味料

食盐3克，鸡精2克，食用油、淀粉各适量

做法

❶ 猪里脊肉洗净，切块；鸡蛋去壳，打散备用。将切好的里脊肉加入食盐、鸡精、淀粉、鸡蛋液混合均匀备用。

❷ 起油锅，放入猪里脊肉，用筷子搅拌炸至酥脆，捞出沥干，摆盘即可。

川味鲜肉

材料

五花肉500克

调味料

食盐3克，食用油、淀粉各适量

做法

❶ 五花肉洗净，切成条状备用。将淀粉加入适量清水搅拌成浓稠状，调入适量食盐拌匀，将切好的五花肉均匀地抹上淀粉糊。

❷ 锅下油烧热，将抹好淀粉糊的猪肉放入锅中炸至金黄色，起锅装盘即可。

红油白肉

材料

五花肉500克

调味料

熟白芝麻15克，食盐3克，老抽、红油各适量

做法

1. 五花肉洗净，切片，入沸水锅中汆水，捞出后沥干摆盘，将食盐、老抽、红油拌匀，淋入盘中。
2. 蒸锅置火上，将备好的五花肉蒸熟取出，撒上熟白芝麻即可。

脆皮春卷

材料

猪肉200克，包菜100克，春卷皮适量

调味料

食盐3克，鸡精2克，葱10克，食用油、老抽、醋、淀粉各适量

做法

1. 猪肉洗净，剁蓉；包菜洗净，切碎；葱洗净，切花。
2. 将猪肉、包菜加入食盐、鸡精、葱花、老抽、醋、淀粉混合均匀，做成馅，用春卷皮裹好备用。
3. 锅中下油烧至七成热，放入上述备好的材料，炸至熟透，捞出控油，摆盘即可。

酥皮粉蒸肉

材料

五花肉300克，面皮适量

调味料

食盐3克，鸡精2克，食用油、生抽、蒸肉粉各适量

做法

1. 五花肉洗净，切片，加入食盐、鸡精、生抽、蒸肉粉混合均匀，入蒸锅蒸熟后，取出待凉，用面皮裹好备用。
2. 锅中放食用油加热后，放入备好的材料，炸至熟透后捞出，待油温烧热后再炸一次，捞出控油即可。

飘香白肉

材料

猪腿肉400克，香菜10克，莴笋200克，青椒、红椒圈各50克

调味料

高汤800毫升，青花椒20克，食盐4克，姜丝5克，食用油适量

做法

1. 猪腿肉洗净汆水，切片；莴笋去皮洗净，切条；香菜洗净，切段。
2. 热锅放入食用油，下入青花椒、姜丝炒香，加入猪腿肉和莴笋炒匀，加青椒、红椒同炒，加入适量高汤炖煮，加食盐调味，撒上香菜即可。

香辣脆

材料

猪肉500克，生菜叶少许

调味料

食盐3克，鸡精2克，食用油、料酒、淀粉、炸粉各适量

做法

❶ 猪肉洗净，切长条，加入食盐、鸡精、料酒、淀粉、炸粉混合均匀备用；生菜叶洗净，摆盘。

❷ 起油锅，放入处理好的猪肉条炸至酥脆，捞出控油，摆在生菜叶上即可。

肉松脆皮豆腐

材料

猪肉200克，豆腐200克

调味料

食盐3克，葱花5克，食用油、番茄酱、淀粉各适量

做法

❶ 豆腐洗净，切块，中间挖一个不透底的孔；猪肉洗净，剁蓉，加入食盐拌匀，将其包在豆腐孔中，再裹上一层淀粉。

❷ 起油锅，将豆腐块炸至金黄色，待熟捞出控油，将番茄酱均匀地淋在豆腐上，撒上葱花即可。

日式炸板肉

材料

猪肉600克，花生仁50克

调味料

食盐3克，白芝麻10克，鸡精2克，食用油、料酒、水淀粉各适量

做法

1. 猪肉洗净，切长条块；花生仁去皮洗净，切碎。
2. 将切好的猪肉加入食盐、白芝麻、鸡精、料酒、水淀粉混合均匀备用。
3. 起油锅，放入猪肉炸至熟透，摆盘即可。

香辣炸藕盒

材料

莲藕200克，猪肉250克，土豆150克，生菜叶少许

调味料

食盐3克，鸡精2克，食用油、水淀粉各适量，干红辣椒10克

做法

1. 猪肉洗净剁蓉，与水淀粉搅成肉泥；生菜叶洗净摆盘；莲藕、土豆分别洗净去皮。
2. 将肉泥夹在藕片中间，入油锅干煸至熟，捞出控油。
3. 另起油锅，放入干红辣椒爆香，放入土豆炸至酥脆，再放入藕夹，加入食盐、鸡精调味，待熟装盘即可。

辣妹肥肉

材料

五花肉500克，青椒、红椒各10克，熟花生20克，香菜叶少许

调味料

食盐3克，鸡精2克，辣椒粉5克，食用油、淀粉各适量

做法

❶ 五花肉洗净，切块，加入适量食盐、淀粉、辣椒粉均匀搅拌;青椒、红椒均去蒂洗净，切丁。

❷ 油下锅烧热，放入猪肉炸至八分熟，捞出控油。

❸ 另起油锅，放入熟花生、青椒、红椒一同炒，再放入炸好的猪肉，调入食盐、鸡精炒至入味，待熟装盘，用香菜叶点缀即可。

香辣芝麻肉丝

材料

猪肉300克，青椒、红椒各50克

调味料

白芝麻5克，食盐3克，葱段5克，鸡精2克，食用油、水淀粉各适量，干红辣椒10克

做法

❶ 猪肉洗净切块，裹上水淀粉；青椒、红椒均洗净切条。

❷ 锅中下油烧热，放入猪肉炸熟后，捞出控油，装盘。

❸ 锅底留油，放入干红辣椒和白芝麻煸香，再放入青椒、红椒、猪肉，加食盐、鸡精调味，炒至熟时放入葱段即可。

泡椒肉卷

材料

泡菜、胡萝卜各100克，肥猪肉250克，牙签若干

调味料

食盐3克，食用油、白芝麻、花椒、葱、鸡精、老抽各适量，干红辣椒10克

做法

❶ 肥猪肉洗净，切片，用牙签串起来，入热油锅炸熟，起锅沥油；其他材料均洗净切片。

❷ 另起油锅，放入干红辣椒、花椒、白芝麻炒香后，放入泡菜、胡萝卜片炒至五成熟时，再放入炸好的肉串，加食盐、鸡精、老抽调味，炒熟装盘，撒上葱段即可。

山城辣妹子

材料

猪肉350克，花生仁30克

调味料

食盐3克，白芝麻5克，鸡精2克，食用油、水淀粉各适量，干红辣椒10克

做法

❶ 猪肉洗净，切丁，与水淀粉、食盐搅匀备用；花生仁去皮洗净备用；干红辣椒洗净，切段。

❷ 锅中下油烧热，放入猪肉，炸熟后，捞出控油。

❸ 另起油锅，放入花生仁、干红辣椒、白芝麻一同炒，加食盐、鸡精调味，盛在炸好的猪肉上即可。

香辣班指

材料

猪肉300克，青椒、红椒各80克

调味料

食盐3克，姜、蒜各5克，鸡精2克，食用油适量，干红辣椒10克

做法

❶ 猪肉洗净，切丁；青椒、红椒均去蒂洗净，切圈；干红辣椒洗净，切段；姜、蒜均洗净，切末。

❷ 锅中下油烧热，放入姜、蒜、干红辣椒爆香，放入猪肉煸炒至五成熟时，放入青椒、红椒，加食盐、鸡精调味，炒熟装盘即可。

干煎米粉肉

材料

五花肉250克，青椒、红椒各50克

调味料

食盐3克，白芝麻5克，鸡精2克，食用油、蒸肉粉、老抽各适量

做法

❶ 五花肉洗净，切片，将其表面裹上一层蒸肉粉备用；青椒、红椒均去蒂洗净，切丁。

❷ 锅中下油烧热，放入五花肉煎至五成熟时，加食盐、鸡精、老抽调味，煎熟装盘。

❸ 另起油锅，放入白芝麻、青椒、红椒炒香后，盛在盘中的五花肉上即可。

眉州辣子

材料

猪肉350克

调味料

食盐3克，白芝麻10克，鸡精2克，食用油、老抽、醋各适量，干红辣椒50克

做法

1. 猪肉洗净，切块；干红辣椒洗净，切段。
2. 起油锅，放入干红辣椒、白芝麻炒香，再放入猪肉一起煸炒，加食盐、鸡精、老抽、醋调味，炒熟装盘即可。

东北锅包肉

材料

猪肉450克，胡萝卜、香菜各适量

调味料

食盐、味精、醋、料酒、葱白、生抽、淀粉、食用油各适量

做法

1. 猪肉洗净，切成薄片，加入所有调料拌匀腌渍30分钟；胡萝卜洗净去皮，切丝；葱白洗净，切丝；香菜洗净。
2. 锅内注油烧至六成热，放入猪肉片炸至外酥里嫩，且呈金黄色，捞起沥干装入盘中。
3. 撒上葱白、香菜、胡萝卜丝即可。

土家香麻肉

材料

猪肉300克，芹菜150克

调味料

食盐3克，白芝麻15克，食用油、麻油适量，干红辣椒10克

做法

❶ 猪肉洗净切块；芹菜洗净切段；干红辣椒洗净切段。

❷ 将白芝麻与麻油搅匀，放入猪肉，使猪肉表面裹上一层白芝麻。

❸ 起油锅，放入猪肉炸熟后，捞出控油；锅底留适量油，放入干红辣椒爆香，再放入猪肉、芹菜一起炒，加食盐调味，炒熟装盘即可。

竹签蒜香肉

材料

猪肉400克，生菜叶少许

调味料

蒜5克，食盐3克，鸡精2克，料酒、老抽、食用油、醋、淀粉各适量

做法

❶ 猪肉洗净，切片；生菜叶洗净，摆盘；蒜去皮洗净，切末。

❷ 将猪肉加食盐、鸡精、蒜末、料酒、老抽、醋、淀粉混合均匀，用竹签串成肉串备用。

❸ 起油锅，放入肉串炸至酥脆、熟透后，捞出控油，摆在生菜叶上即可。

五香肉串

材料

猪肉400克，西蓝花150克

调味料

食盐3克，鸡精2克，蒜蓉10克，白芝麻10克，食用油、五香粉各适量，干红辣椒10克

做法

❶ 猪肉洗净切块，用牙签串成串；西蓝花洗净切朵；干红辣椒洗净切段。

❷ 锅中入水烧开，放入西蓝花汆熟后，捞出沥干。

❸ 起油锅，放入肉串炸熟后，捞出控油。锅内留少许油，放入蒜蓉、白芝麻、干红辣椒段爆香，放入炸好的肉串煸炒，加入西蓝花、食盐、鸡精、五香粉调味，炒匀装盘即可。

酥炸肉块

材料

猪肉500克，鸡蛋2个

调味料

食盐3克，白芝麻5克，蒜苗10克，食用油、淀粉适量

做法

❶ 猪肉洗净，切块；鸡蛋去壳，打散备用。蒜苗洗净，切段。将鸡蛋液、食盐、淀粉搅成糊状，再放入肉块，使其表面裹上一层淀粉糊备用。

❷ 起油锅，放入肉块炸至熟透，捞出控油。

❸ 锅内留少许油，放入白芝麻炒香后，再放入炸好的肉块、蒜苗略炒，装盘即可。

番茄酱锅包肉

材料

猪里脊肉400克，香菜段5克，胡萝卜丝5克

调味料

番茄酱50克，白糖150克，醋100毫升，水淀粉10克，葱丝5克，姜丝4克，食用油适量

做法

❶ 将猪里脊肉洗净切片，用水淀粉挂糊上浆备用。热锅下油，投入里脊肉炸至外焦里嫩、色泽金黄时捞出。

❷ 锅底留适量油，放入葱丝、姜丝、胡萝卜丝炒香，放入白糖、醋、番茄酱烧开，放入里脊肉快速翻炒几下，加入香菜段即可。

澳门烧肉

材料

五花肉450克

调味料

老抽15毫升，食盐 3 克，味精2克，食用油适量

做法

❶ 五花肉洗净，用老抽、味精、食盐拌匀腌1小时至入味，取出，挂在阴凉通风处吹干。

❷ 烧热锅，放入食用油烧至五成热，放入五花肉炸至金黄色，捞出沥油。

❸ 待五花肉凉后切片摆盘即可。

巴西烤肉

材料

猪肉500克，洋葱150克，红椒、香菜各少许

调味料

食盐3克，鸡精2克，食用油、料酒、胡椒粉、孜然粉各适量

做法

1. 猪肉洗净，切片；洋葱洗净，切条，铺在铁板上；红椒去蒂洗净，切丝；香菜洗净，备用。
2. 将猪肉放在明火上烤，边烤边刷上备好的调味料，烤熟后，盛在铁板的洋葱上，撒上红椒、香菜。
3. 将铁板置于火上，烧至洋葱断生即可。

微波自制猪肉松

材料

猪瘦肉600克

调味料

老抽、姜汁、食盐、白糖、五香粉各适量

做法

1. 猪瘦肉洗净切块，用沸水煮过，装入盘中。
2. 将猪瘦肉块放入微波炉内，用高火烤5分钟，再转中火烤10分钟后取出，捣碎，加入所有调味料拌匀，铺在盘中。
3. 将调好味的猪肉再放入微波炉中，用高火烤12分钟（中间取出适当搅拌），至肉酥软时取出即可食用。

铁板烤肉

材料

猪肉500克，洋葱150克，红椒、香菜各少许

调味料

食盐、食用油、葱白、白芝麻、鸡精、胡椒粉、孜然粉各适量

做法

❶ 猪肉洗净切片；洋葱洗净切条，铺在铁板上；红椒洗净切丝；香菜洗净，切碎备用。

❷ 将猪肉表面刷上一层油，入烤箱烤熟后，切片。

❸ 起油锅，放入白芝麻炒香，再放入猪肉、红椒煸炒，加入食盐、鸡精、胡椒粉、孜然粉调味，盛在铁板上，撒上香菜、葱白即可。

吊锅香烤肉

材料

猪肉600克，洋葱300克，花生仁30克，香菜少许

调味料

食盐、料酒、老抽、食用油、胡椒粉各适量

做法

❶ 猪肉洗净切片；洋葱洗净切条，放入干锅底部；香菜洗净切碎备用。

❷ 将猪肉加入食盐、料酒、老抽、胡椒粉拌匀，放入烤箱烤熟后，取出倒入铺好洋葱的干锅内。

❸ 起油锅，将花生仁炒香后，盛在肉上，加香菜点缀，往干锅内加入适量水，烧至洋葱断生即可。

千烤青椒肉

材料

青椒50克，猪肉250克，生菜叶少许

调味料

食盐3克，鸡精2克，姜、蒜各10克，老抽、番茄酱、淀粉各适量

做法

❶ 猪肉洗净，剁末；青椒去蒂洗净，切大菱形片；生菜叶洗净，摆盘；姜、蒜均去皮洗净，切末。

❷ 将猪肉加入食盐、鸡精、姜、蒜、老抽、淀粉混合均匀，做成肉泥，取适量放在青椒片上，一起放入烤箱，烤熟后取出，在肉上刷上一层番茄酱，将其摆在生菜叶上即可。

炭烤烧肉

材料

猪肉200克，黄桃、圣女果、青菜叶各适量

调味料

食盐、老抽、香油各适量

做法

❶ 猪肉洗净，切厚片；黄桃去皮洗净，切条；圣女果洗净，切开；青菜叶洗净备用。

❷ 锅中入水烧开，放入青菜叶汆水后，捞出沥干摆盘，将黄桃、圣女果也摆好盘。

❸ 炭火烧热，将猪肉放在支架上烤，边烤边刷调味料，烤熟后摆盘即可。

烤猪肉串

材料

猪肉500克，洋葱200克，红椒、蒜薹各30克，铁签若干

调味料

食盐、白芝麻、老抽、香油、胡椒粉、孜然粉各适量

做法

1. 猪肉洗净切块，用铁签串成串；洋葱洗净切圈，铺在铁板上；红椒、蒜薹均洗净，切丁。
2. 炭火烧热，将猪肉边烤边刷上食盐、老抽、香油、胡椒粉、孜然粉，烤熟后撒上芝麻微烤，放在铁板上，撒上红椒、蒜薹。
3. 将铁板置于火上，将洋葱烧至断生即可。

麻香烤串

材料

猪肉350克，洋葱150克，竹签若干

调味料

食盐3克，白芝麻5克，老抽、麻油、胡椒粉、孜然粉各适量

做法

1. 猪肉洗净，切块，用竹签串成串；洋葱洗净摆盘。
2. 炭火烧热，将猪肉放在支架上烤，边烤边刷上食盐、老抽、麻油、胡椒粉、孜然粉，烤熟后撒上芝麻，然后将其插在洋葱块上即可。

蒜泥肉片

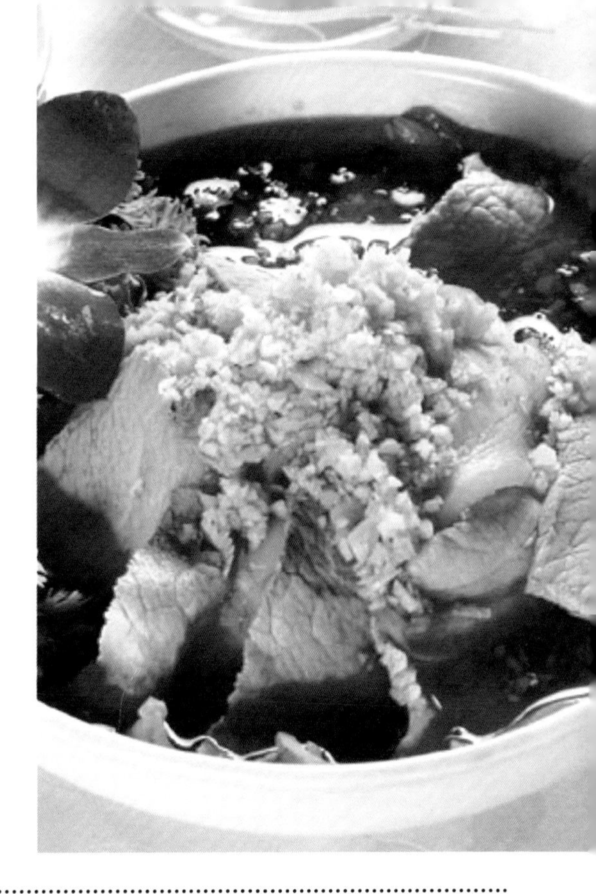

材料

蒜蓉10克，猪腿肉150克，五花肉100克

调味料

老抽、红油、食盐各适量

做法

❶ 把猪肉洗净煮至七成熟，放凉后入冰柜冻硬。

❷ 取出切成薄片，用开水烫两次，至肉片收缩为止，再用清水漂洗，沥干装碗。

❸ 淋上老抽，加入蒜蓉、食盐，浇上红油即可。

水煮肉片

材料

猪瘦肉200克，蛋液，芹菜少许

调味料

食用油、花椒、食盐、葱、姜、蒜、豆瓣酱各适量，干红辣椒50克

做法

❶ 猪瘦肉洗净切片，裹上蛋液；姜、蒜去皮洗净后切片；葱洗净切花；干红辣椒洗净剁碎。

❷ 油锅烧热，放入姜、蒜爆香，加食盐炒熟后盛碗。

❸ 另起油锅烧热，爆香干红辣椒、花椒、豆瓣酱，注入水，放入芹菜、肉片煮熟，盛入碗中，撒上葱花即可。

串串香

材料

猪肉500克，花生仁30克，香菜少许，竹签若干

调味料

食盐3克，白芝麻5克，姜末、蒜末各5克，老抽、醋、水淀粉、食用油各适量

做法

❶ 猪肉洗净切块，用竹签串成串；香菜洗净。

❷ 将肉串刷上一层油，放入烤箱烤熟后，取出摆盘。

❸ 起油锅烧热，放入白芝麻、花生仁、姜末、蒜末炒香后，加入食盐、老抽、醋、水淀粉做成味汁，淋在肉串上，撒上香菜即可。

鲁味福口酥乳猪

材料

乳猪1只，生菜、香菜各适量

调味料

食盐3克，鸡精2克，姜、蒜各5克，香油、老抽、醋、食用油各适量

做法

❶ 乳猪洗净备用；生菜洗净，摆盘；香菜洗净，切末；姜、蒜均去皮洗净，切末。

❷ 将乳猪用炭火烤，边烤边抹油，烤熟后，摆在生菜上。

❸ 起油锅烧热，放入姜、蒜炒香，加入食盐、鸡精、香油、老抽、醋、香菜一起做成味碟，蘸食即可。

脆烤猪皮

材料

猪皮500克，胡萝卜50克

调味料

食盐、香油、老抽、醋各适量

做法

❶ 猪皮去毛洗净，切片；胡萝卜去皮洗净，切片。

❷ 将猪皮加入食盐、香油、老抽、醋拌匀，腌渍一会，放入烤箱烤熟后，取出摆盘，再用胡萝卜片点缀即可。

烤猪肉卷

材料

猪肉卷500克，黄瓜、圣女果、生菜、胡萝卜各适量

调味料

食盐、香油、老抽各适量

做法

❶ 猪肉卷洗净切片；黄瓜、圣女果均洗净切块；胡萝卜洗净去皮切丁；生菜洗净备用。

❷ 将猪肉卷用食盐、香油、老抽调味，摆好，撒上胡萝卜丁，一起放入烤箱烤熟，取出摆在生菜叶上。

❸ 将切好的黄瓜、圣女果摆盘即可。

脆椒麻花烤肉

材料

麻花100克，猪肉250克，花生仁30克

调味料

食盐3克，白芝麻5克，大葱5克，老抽、食用油各适量，干红辣椒20克

做法

1. 猪肉洗净备用；花生仁去皮洗净；大葱洗净，切花；干红辣椒洗净，切段。
2. 将猪肉加入食盐、食用油拌匀，放入烤箱烤熟后，取出待凉，切片。
3. 起油锅，放入白芝麻、干红辣椒、花生仁、麻花炒香后，放入烤好的肉片，加入食盐、老抽调味，待熟，放入葱花略炒，装盘即可。

特色烧烤肉

材料

猪肉350克

调味料

食盐3克，葱白10克，鸡精2克，食用油、老抽、醋各适量

做法

1. 猪肉洗净备用；葱白洗净，切丝。
2. 将猪肉加入食盐、老抽拌匀，放入烤箱烤熟后，取出待凉，切条。
3. 油锅加热，放入猪肉翻炒，加入食盐、鸡精、老抽、醋调味，撒上葱白即可。

竹香风味烤肉

材料

猪肉300克

调味料

食盐3克，白芝麻5克，大葱5克，老抽、醋、食用油各适量，干红辣椒30克

做法

1. 猪肉洗净备用；大葱洗净，切花；干红辣椒洗净，切段。
2. 猪肉用食盐、食用油拌匀，放入烤箱烤熟后，取出待凉，切片。
3. 起油锅，放入白芝麻、干红辣椒炒香后，放入烤好的肉片，加入食盐、老抽、醋调味，待熟，放入葱花略炒，装盘即可。

松仁烤肉

材料

松仁20克，五花肉150克，青椒、红椒、洋葱各50克，鸡蛋2个

调味料

食盐3克，鸡精2克，食用油适量

做法

1. 五花肉洗净，切片；青椒、红椒、洋葱均洗净切圈，摆盘；鸡蛋打散搅匀。
2. 将五花肉加入食盐拌匀，放入烤箱烤熟后，取出待凉，切片，在其表面裹上一层鸡蛋液备用。
3. 起油锅，放入松仁炒香，再放入肉片煎一会儿，加入食盐、鸡精调味，装入放青椒的盘中即可。

三丝里脊

材料

猪里脊肉250克，鸡蛋1个，青椒丝、红椒丝、萝卜丝各少许

调味料

食盐3克，甜酱30克，面粉10克，食用油、酱油、白醋各适量

做法

1. 鸡蛋打散；猪里脊肉洗净，切条，放入碗中，加入鸡蛋液、食盐、面粉、老抽、白醋抓匀。
2. 锅中放油烧至五成热，放入抓匀的里脊肉，炸至酥脆，捞出装盘。
3. 锅留底油，倒入甜酱烧热，放入炸好的里脊肉熘炒，装盘，撒上青椒丝、红椒丝、萝卜丝即可。

四川里脊

材料

猪里脊肉400克，青椒、红椒各适量

调味料

食盐3克，老抽12毫升，白糖5克，香醋8克，食用油、葱花、干辣椒各适量

做法

1. 猪里脊肉洗净，切条；青椒、红椒洗净，切圈；干辣椒洗净切段；将其余调味料调成味汁备用。
2. 锅中注油烧热，下入里脊肉翻炒至变色，再放入干辣椒、青椒圈、红椒圈一起翻炒拌匀。
3. 炒至熟后，淋入味汁翻炒至入味，撒上葱花，起锅装盘即可。

糖醋里脊

材料

猪肉300克，鸡蛋1个

调味料

食盐3克，熟白芝麻5克，葱花5克，食用油、白糖、醋、番茄酱、淀粉各适量

做法

❶ 猪肉洗净切条；鸡蛋打散搅匀。

❷ 将鸡蛋与淀粉搅匀，放入猪肉，将其裹上一层淀粉糊备用。

❸ 锅中下油烧热，放入肉块，炸至表面变成金黄色，加入食盐、白糖、醋、番茄酱熘炒一下，装盘，撒上熟白芝麻、葱花即可。

黄瓜里脊

材料

猪里脊肉250克，黄瓜、胡萝卜、青椒、洋葱各50克，鸡蛋2个

调味料

食盐3克，食用油、鸡精、白糖、番茄酱、淀粉各适量

做法

❶ 猪里脊肉洗净，切块备用；黄瓜、胡萝卜、青椒、洋葱洗净，切条备用。

❷ 将鸡蛋液、淀粉、盐混合，搅成糊状，放入猪肉，将其表面裹上一层淀粉糊备用。

❸ 起油锅，放入猪肉炸至熟透，锅底留少许油，放入黄瓜、胡萝卜、青椒、洋葱炒匀，加入食盐、鸡精、白糖、番茄酱调味，熟后装盘即可。

酸甜里脊块

材料

猪里脊肉150克，黄瓜50克

调味料

食盐3克，番茄酱25克，食用油适量

做法

❶ 猪里脊肉洗净，用食盐腌渍一会备用；黄瓜洗净，切片。

❷ 锅下油烧热，放入腌渍好的猪里脊肉，将其煎至熟透，淋上番茄酱熘一下，装盘，用黄瓜片点缀即可。

香芋肉夹

材料

芋头250克，青椒、红椒各20克，猪肉250克

调味料

食盐3克，姜末、蒜末各10克，食用油、酱油、醋、淀粉各适量

做法

❶ 猪肉洗净剁蓉；芋头洗净切片；青椒、红椒洗净切丁。

❷ 将猪肉加食盐、姜末、蒜末、淀粉一起混合均匀，做成肉泥，然后用芋头片做成肉夹备用。

❸ 热锅下油，放入肉夹炸至熟透，捞出控油摆盘。

❹ 锅内留少许油，加入青椒、红椒、食盐、老抽、醋做成味汁，均匀地淋在芋头夹上即可。

焦熘肉片

材料

猪肉250克

调味料

食盐、味精、糖各4克，水淀粉10毫升，老抽10毫升，芝麻5克。食用油适量

做法

❶ 猪肉洗净，切片，加入食盐、味精抓匀，用水淀粉上浆。

❷ 把食盐、味精、糖、水淀粉、老抽放入碗中调成芡汁。

❸ 油锅烧热，放入肉片稍煎，待水分煎干，再转大火煎至酥脆，加入芡汁翻炒，撒入芝麻盛盘即可。

酸甜锅包肉

材料

猪里脊肉600克，香菜梗适量，胡萝卜丝少许

调味料

食盐、料酒、水淀粉、老抽、食用油、糖、醋、味精、鲜汤、姜丝、葱丝各适量

做法

❶ 里脊肉洗净，切片，用食盐、料酒腌渍入味，再用水淀粉挂糊。

❷ 油锅烧热，炸好里脊肉，捞出；用老抽、糖、醋、味精、水淀粉、鲜汤调成味汁。

❸ 油锅烧热，放入姜丝、葱丝炸香，放入胡萝卜丝和里脊肉，烹入味汁，加入香菜梗炒好装盘即可。

熘肉段

材料

猪肉300克，青椒50克

调味料

食盐3克，鸡精2克，食用油、老抽、醋、淀粉各适量

做法

❶ 猪肉洗净，切块，用淀粉抓匀备用；青椒去蒂洗净，切片。

❷ 锅中下油烧热，放入猪肉炒至五成熟时，放入青椒，加入食盐、鸡精、老抽、醋调味，熘炒熟装盘即可。

脆筒酱香肉

材料

猪肉450克，黄瓜250克，泡白萝卜50克，红椒20克

调味料

食盐3克，鸡精2克，食用油、老抽、醋、水淀粉各适量

做法

❶ 猪肉洗净，切丝；黄瓜洗净，切成筒状；泡白萝卜切丁；红椒去蒂洗净，切丁。

❷ 将泡白萝卜装在黄瓜筒里，摆盘。

❸ 起油锅，放入猪肉略炒，加入食盐、鸡精、老抽、醋炒至入味，待熟后用水淀粉勾芡，盛在黄瓜上，撒上红椒丁即可。

改革京酱肉丝

材料

猪肉500克，腐皮150克，黄瓜、红椒、包菜各80克

调味料

食盐3克，鸡精2克，白糖5克，食用油、老抽、醋、水淀粉各适量

做法

1. 猪肉洗净切丝；腐皮洗净切段；黄瓜、红椒、包菜洗净切末。
2. 将黄瓜、红椒、包菜加入食盐混合均匀，腐皮卷成筒状，摆好盘，放入蒸锅蒸熟后，取出备用。
3. 热锅下油，放入肉丝略炒，加入食盐、鸡精、白糖、老抽、醋炒匀，待熟后用水淀粉勾芡，盛入之前装有黄瓜的盘中即可。

新派京酱肉丝

材料

猪肉450克，土豆150克，生菜叶少许

调味料

食盐3克，鸡精2克，食用油、老抽、醋、水淀粉各适量

做法

1. 猪肉洗净，切丝；土豆去皮洗净，切丝；生菜叶洗净摆盘。
2. 起油锅，放入土豆丝炸至酥脆，捞出控油，装盘。
3. 另起油锅，放入猪肉丝炒至五成熟，加入食盐、鸡精、老抽、醋调味，待熟后用水淀粉勾芡，盛出摆在生菜叶上即可。

京酱肉丝

材料

猪肉350克，腐皮150克，香菜少许

调味料

食盐3克，葱白5克，鸡精2克，食用油、老抽、醋、水淀粉、卤水各适量

做法

❶ 猪肉洗净切丝；腐皮洗净切片，叠成三角形；香菜洗净摆盘；葱白洁净切丝。

❷ 卤水烧开，放入豆皮卤熟后，捞出沥干，装盘。

❸ 起油锅，放入猪肉炒至五成熟，加入食盐、鸡精、老抽、醋调味，待熟后用水淀粉勾芡，装盘即可。

莲花肉丝

材料

猪瘦肉250克，鸡蛋清，腐皮100克

调味料

料酒10毫升，食盐、味精各3克，水淀粉各5毫升，甜面酱50克，大葱100克，食用油适量

做法

❶ 大葱洗净，切段，放在腐皮上后卷成筒状，斜刀切段，入盘围边摆盘。

❷ 瘦肉洗净，切丝，用料酒、水淀粉、鸡蛋清上浆。

❸ 油锅烧热，下入肉丝滑炒，加入甜面酱、食盐、味精炒匀，起锅装入摆好的盘中，整理成莲花状即可。

香辣肉丝

材料

猪肉300克，青椒、红椒各20克，香菜200克

调味料

干辣椒15克，食盐3克，花生油、料酒、生抽各适量

做法

❶ 猪肉洗净，切丝，用料酒、生抽腌渍入味；香菜洗净，切段；青、红椒洗净，切条；干辣椒洗净。

❷ 锅倒油烧热，倒入肉丝滑炒至肉变白，加入干辣椒、青红椒条大火翻炒3分钟后，加入香菜段翻炒1分钟后。加入食盐调味，出锅即可。

糖醋咕噜肉

材料

五花肉450克，胡萝卜、去皮菠萝、黄瓜各50克

调味料

料酒50毫升，食盐3克，干淀粉25克，食用油、香油、白糖、白醋、辣椒油、番茄酱、胡椒粉各适量

做法

❶ 五花肉、胡萝卜、菠萝、黄瓜均洗净切块。

❷ 肉块加入料酒、食盐、胡椒粉拌匀，捞出滚干淀粉，入锅炸透；将白醋、白糖、番茄酱、辣椒油、食盐、水调成糖醋汁。

❸ 锅内留油，放入黄瓜、胡萝卜、菠萝煸炒，倒入糖醋汁勾芡，再放入肉团，浇入热油炒匀盛盘即成。

红扒白菜肉卷

材料

白菜200克，猪肉300克，圣女果1颗

调味料

食盐3克，鸡精2克，姜末、蒜末各10克，食用油、老抽、醋、水淀粉各适量

做法

❶ 猪肉洗净剁末；白菜、圣女果洗净待用。

❷ 将猪肉加入食盐、鸡精、姜末、蒜末搅匀，用白菜包成肉卷，摆好盘，入蒸锅蒸熟后，取出待用。

❸ 起油锅，加入食盐、老抽、醋、水淀粉做成味汁，均匀地淋在肉卷上，用圣女果点缀装盘即可。

咕噜肉

材料

五花肉300克，熟笋肉150克，辣椒25克，鸡蛋液适量

调味料

蒜泥、葱花各5克，番茄酱250克，食盐3克，食用油、水淀粉、香油、料酒各适量

做法

❶ 五花肉洗净切块，用食盐和料酒腌渍后挂鸡蛋液上浆；笋肉、辣椒分别洗净切块。

❷ 热锅下油，把肉块炸约3分钟，捞出控油，将肉块和笋块再入油锅，炸一下捞出。

❸ 锅底留油，放入蒜泥、辣椒爆香，加入葱花、番茄酱烧沸，用水淀粉勾芡，放入肉块和笋块拌炒均，再淋入香油装盘即可。

金瓜糯米肉

材料

南瓜1个，猪肉350克，糯米适量

调味料

食盐3克，枸杞子10克，大葱5克，香油适量

做法

❶ 猪肉洗净，切块；糯米洗净，蒸熟备用；枸杞子洗净备用；大葱洗净，切末；南瓜洗净，去籽，做成容器状。

❷ 将猪肉与蒸好的糯米加入食盐、香油混合均匀，装入南瓜容器中，放入洗净的枸杞子，再放入蒸锅，蒸熟后取出撒上葱花即可。

虎皮小白肉

材料

猪肉500克，青椒、红椒各50克

调味料

食盐3克，葱、姜、蒜各5克，白芝麻8克，老抽、醋、红油各适量

做法

❶ 猪肉洗净，切片；青椒、红椒均去蒂洗净，切片；葱洗净，切末；姜、蒜均去皮洗净，切末。

❷ 猪肉用食盐腌渍，摆好盘，入蒸锅蒸熟后，取出备用。

❸ 锅中放油烧热，放入姜末、蒜末、白芝麻炒香，加入食盐、老抽、醋、红油做成味汁，放入葱花略炒，均匀地淋在猪肉上，最后用青椒、红椒摆盘即可。

笼仔肉末蒸芥蓝

材料

猪肉250克，芥蓝300克

调味料

食盐3克，干红辣椒10克，姜、蒜各10克，食用油、老抽、醋各适量

做法

❶ 猪肉洗净，剁末；芥蓝洗净，铺在蒸笼底部；干红辣椒洗净，切末；姜、蒜均去皮洗净，切末。

❷ 锅中放油烧热，放入干红辣椒末、姜末、蒜末爆香，再放入肉末翻炒，加入食盐、老抽、醋调味，炒至八成熟，盛在芥蓝上，入锅蒸熟后，取出即可。

酱肉蒸饺

材料

猪肉250克，饺子皮适量

调味料

食盐3克，葱10克，蒜5克，香油、老抽、淀粉各适量

做法

❶ 猪肉洗净，剁末；葱洗净，切末；蒜去皮，洗净，切末。

❷ 将肉末、葱花、蒜末加入食盐、香油、老抽、淀粉一起搅匀，用饺子皮包好备用。

❸ 将包好的饺子摆好笼，上笼蒸熟即可。

五花肉蒸豆腐干

材料

五花肉250克，豆腐干200克，红椒50克，

调味料

食盐3克，蒜苗10克，老抽、醋、鲜汤各适量

做法

❶ 五花肉洗净，切片；豆腐干洗净，切厚片；红椒去蒂洗净，切圈；蒜苗洗净，切段。

❷ 将五花肉、豆腐干摆好盘，加入食盐、老抽、醋、鲜汤调味，放上红椒圈、蒜苗，一起入锅蒸熟即可。

榄菜肉末蒸茄子

材料

榄菜50克，猪肉200克，茄子500克，红椒5克

调味料

食盐3克，葱5克，老抽、醋各适量

做法

❶ 猪肉洗净，剁末；茄子去蒂洗净，切条；榄菜洗净，切末；葱洗净，切段；红椒去蒂洗净，切圈。

❷ 锅中加水烧开，放入茄子焯烫片刻，捞出沥干，与肉末、榄菜、食盐、老抽、醋混合均匀，装盘，撒上葱段、红椒圈，入锅蒸熟即可。

富贵缠丝肉

材料

五花肉250克，上海青200克，泡菜适量，红椒粒10克

调味料

食盐3克，枸杞子、葱花各10克，食用油、红油、老抽、醋、水淀粉各适量

做法

❶ 五花肉洗净切片；上海青洗净，焯水后摆盘。

❷ 将五花肉用泡菜叶包裹成肉卷备用。

❸ 锅中放油烧热，放入肉卷略煎一会，加入食盐、红油、老抽、醋、水淀粉调味，稍微加点水，烧到汤汁变浓，待熟，摆盘，撒上红椒粒、葱花，放入装上海青的盘中即可。

农家柴把肉

材料

五花肉200克，干豆角200克

调味料

食盐3克，味精3克，蚝油5毫升，老抽3毫升，姜片10克，蒜末10克，食用油适量

做法

❶ 五花肉洗净切片；干豆角泡发洗净。

❷ 用泡发后的豆角把五花肉片捆紧，即成柴把肉，再放入烧至三成热的油锅中炸2分钟后捞出。

❸ 锅底留油，爆香姜片、蒜末，下入柴把肉，加入其余调味料烧至入味即可。

肉酱烧茄子

材料

猪肉200克，茄子400克

调味料

食盐3克，姜、蒜、葱、熟白芝麻各5克，鸡精2克，食用油、白糖、老抽、醋、水淀粉各适量

做法

❶ 猪肉洗净，切片；茄子去蒂洗净，切条；葱洗净，切花；姜末、蒜末均去皮洗净，切末。

❷ 茄子焯水后，捞出沥干。

❸ 锅中放油烧热，放入姜末、蒜末爆香，放入猪肉略炒，再倒入茄子，加食盐、鸡精、白糖、老抽、醋调味，待熟后用水淀粉勾芡，装盘，撒上熟白芝麻、葱花即可。

烧汁茄夹肉

材料

茄子、猪肉各300克，圣女果、香菜各适量

调味料

食盐3克，鸡精2克，食用油、老抽、醋、淀粉各适量

做法

❶ 猪肉洗净，剁末；茄子去蒂洗净，切片；圣女果洗净，切开；香菜洗净备用。

❷ 将肉末加入食盐、鸡精、老抽、醋、淀粉搅拌均匀，然后取适量与茄子片做成茄夹肉备用。

❸ 热锅下油，放入茄夹肉煎一会儿，加适量清水，焖烧至熟，装盘，用圣女果、香菜点缀即可。

肉丁烧茄子

材料

猪肉250克，茄子200克，青椒、红椒各100克，豌豆50克

调味料

食盐3克，姜、蒜各5克，老抽、红油、水淀粉各适量

做法

❶ 猪肉洗净，切丁；茄子去蒂洗净，切丁；青椒、红椒均去蒂洗净，切圈；姜、蒜均去皮洗净，切末；豌豆洗净备用。

❷ 锅中放油烧热，放入姜末、蒜末爆香，放入猪肉略炒，再加入茄子、青椒、红椒、豌豆，加入食盐、老抽、红油、水淀粉调味，加适量清水，焖烧至熟，装盘即可。

台湾酱烧茄子

材料

茄子200克，猪肉250克，豌豆50克

调味料

食盐3克，葱、姜、蒜各5克，食用油、辣椒酱、醋、红油、水淀粉各适量

做法

❶ 猪肉洗净，剁末；茄子去蒂洗净，切条；葱洗净，切末；姜、蒜均去皮洗净，切末；豌豆洗净备用。

❷ 锅中放油烧热，放入姜末、蒜末、猪肉末略炒，再放入茄子、豌豆一起炒，加入食盐、辣椒酱、醋、红油、水淀粉调味，加入适量清水，烧至汤汁收干，放入葱花略炒，装盘即可。

肉块烧茄子

材料

猪肉300克，茄子250克，青椒、红椒各50克

调味料

食盐3克，鸡精2克，食用油、老抽、醋各适量

做法

❶ 猪肉洗净，切块；茄子去蒂洗净，切条；青椒、红椒均去蒂洗净，切条。

❷ 油锅加热，放入猪肉块炒至六成熟，放入青椒、红椒、茄子，加食盐翻炒，炒熟后淋老抽、醋，加鸡精调味装盘即可。

肉末烧茄子

材料

猪肉200克，茄子350克

调味料

食盐3克，葱5克，鸡精2克，食用油、老抽、醋、水淀粉各适量

做法

❶ 猪肉洗净，剁末；茄子去蒂洗净，切条；葱洗净，切末。

❷ 热锅下油，放入猪肉炒至变色，再放入茄子一起翻炒，加入食盐、鸡精、老抽、醋炒匀，加适量清水，再以水淀粉勾芡，起锅装盘，撒上葱花即可。

肉炒干菜三片

材料

五花肉200克，干菜、土豆、荷兰豆各150克，红椒50克

调味料

食盐3克，鸡精2克，食用油、老抽、醋各适量

做法

1. 五花肉洗净，切块；干菜泡发洗净，切片；土豆去皮洗净，切片；荷兰豆去老筋洗净，切段；红椒去蒂洗净，切片。
2. 锅中放油烧热，放入五花肉炒至出油，再放入干菜、土豆、荷兰豆、红椒一起炒匀，加入食盐、鸡精、老抽、醋炒至入味，装盘即可。

口蘑肉片焖豆角

材料

口蘑100克，猪肉250克，豆角200克

调味料

食盐3克，蒜5克，鸡精2克，食用油适量

做法

1. 猪肉洗净，切片；豆角去头尾洗净，切段；口蘑洗净，切块；蒜去皮洗净，切末。
2. 热锅下油，放入蒜末炒香，放入猪肉略炒一会儿，再放入豆角、口蘑，加入适量清水，焖至汤汁收干，加食盐和鸡精调味，装盘即可。

肉焖豆角

材料

猪肉200克，豆角250克

调味料

食盐3克，鸡精2克，食用油、老抽、醋各适量

做法

❶ 猪肉洗净，切片；豆角去头尾洗净，切段。

❷ 热锅下油，放入猪肉略炒一会儿，再放入豆角一起炒，加入适量清水，焖至汤汁收干，加入食盐、鸡精、老抽、醋调味，装盘即可。

肉焖扁豆

材料

五花肉、猪舌、猪肝各150克，扁豆250克，南瓜饼适量

调味料

食盐3克，鸡精2克，食用油、料酒、老抽、醋各适量

做法

❶ 五花肉洗净，切块；猪舌洗净，切块；猪肝洗净，切片；扁豆去头尾洗净，切段。

❷ 锅中放油烧至七成热，放入五花肉、猪舌、猪肝炒5分钟，加入扁豆同炒，注入适量清水烧开，加入食盐、鸡精、料酒、老抽、醋调味，起锅装盘，将南瓜饼摆盘即可。

土豆豆角焖红肉

材料

土豆、豆角各200克，五花肉300克

调味料

食盐3克，鸡精2克，食用油、老抽、醋、水淀粉各适量

做法

❶ 五花肉洗净，切块；豆角去头尾洗净，切段；土豆去皮洗净，切条。

❷ 锅中放油烧热，放入五花肉炒至出油，再放入豆角、土豆同炒至五成熟。

❸ 加入适量清水，焖烧至熟，加入食盐、鸡精、老抽、醋炒匀，用水淀粉勾芡，装盘即可。

农家一锅出

材料

五花肉200克，扁豆、土豆、玉米各150克，锅贴8个

调味料

食盐3克，鸡精2克，食用油、老抽、醋、水淀粉各适量

做法

❶ 五花肉洗净切块；扁豆去筋洗净切段；玉米去须洗净切块；土豆去皮洗净切块。

❷ 锅中放油烧热，放入五花肉略炒，再放入扁豆、土豆块、玉米块翻炒，加入食盐、鸡精、老抽、醋调味，待熟，用水淀粉勾芡，盛入干锅。

❸ 另起油锅，放入锅贴煎至两面呈焦黄色，捞出控油，摆入干锅即可。

陕北大烩菜

材料

猪肉150克，土豆、荷兰豆各100克，香干、包菜、粉皮各50克

调味料

食盐3克，蒜末5克，食用油、老抽、醋各适量

做法

1. 猪肉洗净，切片；土豆去皮洗净，切块；荷兰豆洗净，切段；香干洗净，切条；包菜洗净，切片；粉皮泡发备用。
2. 热锅下油，放入蒜末爆香，放入猪肉略炒，再放入土豆、荷兰豆同炒，然后放入香干、包菜、粉皮，加入食盐、老抽、醋调味，加适量清水烧至熟，装盘即可。

黄鹤大烩菜

材料

猪肉250克，土豆200克，黑木耳、白菜梗、粉皮各80克

调味料

食盐3克，葱花5克，蒜末5克，食用油、老抽、醋各适量

做法

1. 猪肉洗净，切块；土豆去皮洗净，切条；白菜梗洗净，切条；黑木耳泡发洗净，撕成小块；粉皮泡发备用。
2. 油锅烧热，放入蒜末爆香，放入猪肉略炒，再放入土豆、黑木耳炒至五成熟，放入白菜梗、粉皮，加入食盐、老抽、醋调味，加适量水烧至熟，撒上葱花装盘即可。

圆锅肉酱豆腐

材料

猪肉200克，豆腐250克，鸡蛋2个

调味料

食盐3克，葱5克，老抽、醋各适量

做法

❶ 猪肉洗净，剁末；豆腐洗净，切块；葱洗净，切末。

❷ 鸡蛋去壳，打散，加入食盐、食用油、清水搅匀，倒入圆锅中蒸熟后，取出备用。

❸ 锅中放油烧热，放入肉末略炒，再放入豆腐，加入食盐、老抽、醋调味，待熟，盛在鸡蛋上，撒上葱花即可。

铁板肉酱日本豆腐

材料

猪肉150克，日本豆腐200克，鸡蛋2个，青椒、红椒各20克

调味料

食盐3克，蒜末5克，食用油、醋、番茄酱各适量

做法

❶ 猪肉洗净，切末；豆腐洗净，切块；青椒、红椒均去蒂洗净，切末。

❷ 鸡蛋去壳，打散，加入食盐、食用油、清水搅匀，倒入铁板中蒸熟后取出。

❸ 锅中放油烧热，放入蒜末、肉末略炒，再放入日本豆腐，加食盐、醋调味，待熟，淋入番茄酱烧一会儿，盛在鸡蛋上，撒上青椒、红椒粒即可。

铁板肉碎日本豆腐

材料

猪肉250克，日本豆腐200克，鸡蛋2个

调味料

食盐、食用油、葱、蒜末、醋、淀粉各适量

做法

1. 猪肉洗净，切末；豆腐洗净；葱洗净，切末。
2. 鸡蛋打散，加入食盐、食用油、水、淀粉搅匀，均匀地倒在铁板上，将铁板置于火上，煎成鸡蛋皮。
3. 锅中放油烧热，放入蒜末、肉末略炒，再放入日本豆腐，加入食盐、醋调味，加水烧开，盛在鸡蛋上，撒上葱花即可。

雪里蕻肉碎玉子豆腐

材料

雪里蕻50克，猪肉100克，玉子豆腐250克

调味料

食盐3克，葱、蒜各5克，食用油、老抽、醋、鲜汤各适量

做法

1. 猪肉洗净，剁末；豆腐洗净备用；雪里蕻洗净，切末；葱洗净，切末；蒜去皮洗净，切末。
2. 油锅烧热，放入蒜末、肉末、雪里蕻略炒，再放入玉子豆腐同炒，加入食盐、老抽、醋调味，倒入鲜汤，烧至熟，起锅撒上葱花即可。

家常豆腐煲

材料

豆腐150克，香菜5克，猪肉200克

调味料

食盐3克，蒜、姜、辣椒酱各15克，生抽15毫升，食用油适量

做法

1. 猪肉、豆腐洗净，切片；蒜、姜去皮洗净，切小片；香菜洗净，切段备用。
2. 油锅烧热，下入豆腐炸至两面呈金黄色，捞出，沥干油分。
3. 油锅再烧热，下入蒜片、姜片炒香，加猪肉滑炒至熟，下入豆腐同炒，加入辣椒酱、食盐、生抽调味，盛入砂锅中，放上香菜即可。

家常油豆腐

材料

油豆腐、猪肉各200克，黑木耳、青椒、红椒各50克

调味料

食盐3克，姜、蒜各5克，鸡精2克，食用油、老抽、醋各适量

做法

1. 猪肉洗净，切块；油豆腐洗净，切三角块；黑木耳泡发洗净，切成小块；青椒、红椒均去蒂洗净，切片；姜、蒜均去皮洗净，切末。
2. 热锅下油，放入姜末、蒜末爆香，放入猪肉略炒，再放入油豆腐、黑木耳、青椒、红椒，稍微加点水烧一会儿，加入食盐、鸡精、老抽、醋调味，待熟装盘即可。

猪肉焖日本豆腐

材料

猪肉250克，日本豆腐200克，上海青150克

调味料

食盐3克，鸡精2克，食用油、老抽、醋、水淀粉各适量，干红辣椒10克

做法

❶ 猪肉洗净切块；豆腐、上海青、干红椒洗净备用。

❷ 锅中加水烧开，放入上海青焯熟后，捞出沥干，摆盘。

❸ 热锅下油，放入干红椒爆香，放入猪肉翻炒片刻，放入日本豆腐，加入食盐、鸡精、老抽、醋调味，待熟，加水淀粉勾芡，盛入摆好上海青的盘中即可。

村姑烧豆腐

材料

豆腐200克，五花肉300克，红椒20克

调味料

食盐3克，姜末、蒜末、葱花各5克，食用油、辣椒酱、醋各适量

做法

❶ 五花肉洗净，切片；豆腐洗净，切块；红椒去蒂洗净，切圈。

❷ 热锅下油，放入姜末、蒜末爆香，放入五花肉炒至出油，再放入豆腐块、红椒圈，加入食盐、辣椒酱、醋调味。

❸ 加适量清水，烧至熟，起锅撒上葱花即可。

螺头焖肉

材料

螺头肉200克，五花肉250克，西蓝花150克

调味料

食盐3克，葱段、姜末各5克，食用油、老抽、醋、料酒各适量

做法

1. 五花肉洗净，切块；螺头肉洗净，切块；西蓝花洗净，掰成小朵。
2. 锅中加水烧开，放入西蓝花焯熟后，捞出待用。
3. 热锅下油，放入姜末爆香，放入五花肉、螺头肉炒至五成熟，加入食盐、老抽、葱段、醋、料酒调味，加适量清水烧熟，待汤汁收干，盛盘，摆上西蓝花即可。

锅巴香肉

材料

五花肉300克，锅巴80克，酸豆角100克，青椒、红椒各50克

调味料

食盐3克，食用油、老抽、醋各适量

做法

1. 五花肉洗净，切块；锅巴掰成小块；酸豆角洗净，切段；青椒、红椒均去蒂洗净，切片。
2. 热锅下油，放入五花肉炒至出油，再放入酸豆角、青椒、红椒一起炒，加入食盐、老抽、醋炒至入味，放入锅巴略炒，起锅装盘即可。

炝锅红烧肉

材料

五花肉300克

调味料

食盐3克，味精1克，老抽15克，大蒜40克，食用油、糖各适量，白芝麻少许，干红辣椒30克

做法

❶ 五花肉洗净，切块；干红辣椒洗净，切段；大蒜去皮，洗净。

❷ 锅中注油烧热，放入干辣椒炒香，放入肉块炒至变色，再放入大蒜、白芝麻炒匀。

❸ 注入适量清水，倒入老抽炒至熟后，加入食盐、味精、糖调味，起锅装盘即可。

五花肉炒青椒

材料

五花肉300克，青椒250克

调味料

蒜蓉、老抽、花生油、料酒、食盐、鸡精各适量

做法

❶ 五花肉洗净，切片，加入食盐、老抽、料酒腌渍10分钟；青椒洗净，切片。

❷ 热锅注油，放入蒜蓉炒香，下入五花肉煸炒，装盘待用；锅底留油，下入青椒爆炒，再倒入五花肉翻炒至熟，最后调入食盐、鸡精调味，起锅装盘即可。

酱焖护心肉

材料

护心肉250克，生菜叶少许

调味料

食盐3克，干红辣椒80克，食用油、老抽、料酒、醋各适量

做法

❶ 护心肉洗净，切片；干红辣椒洗净，切段；生菜叶洗净，摆盘。

❷ 热锅下油，放入干红辣椒炒香后，盛在生菜叶上。

❸ 锅内留油，放入护心肉炒至五成熟时，加入食盐、老抽、料酒、醋炒至入味，稍微加点水，焖烧至熟，起锅盛在生菜叶上即可。

红烧肉满堂香

材料

猪肉400克，干豆角150克，香菜少许

调味料

食盐3克，鸡精2克，食用油、老抽、醋、水淀粉各适量

做法

❶ 猪肉洗净，切片；干豆角泡发洗净，切段；香菜洗净备用。

❷ 锅内加水烧开，放入干豆角焯水，捞出沥干备用。

❸ 将干豆角、猪肉放入锅中，加适量清水烧开，加入食盐、食用油、鸡精、老抽、醋烧至入味，待熟后用水淀粉勾芡装盘，然后用香菜点缀即可。

红烧肉燕

材料

猪肉200克，西蓝花200克，芹菜、红椒各80克

调味料

食盐3克，鸡精2克，食用油、老抽、醋、水淀粉各适量

做法

1. 猪肉洗净切块；西蓝花洗净掰小朵；芹菜洗净切段；红椒洗净切片。
2. 锅内加水烧沸，放入西蓝花焯熟后，捞出。
3. 热锅下油，放入猪肉略炒，再放入芹菜、红椒，加入食盐、鸡精、老抽、醋调味，以水淀粉勾芡，盛盘，用西蓝花围边即可。

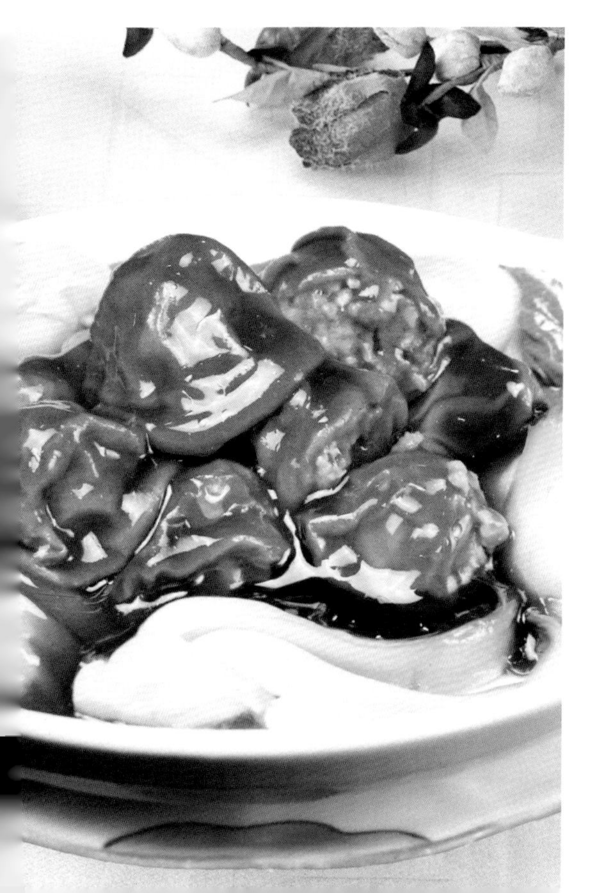

上海青围饺子

材料

上海青150克，猪肉250克，饺子皮适量

调味料

食盐3克，姜末、蒜末各5克，食用油、老抽、醋、水淀粉各适量

做法

1. 猪肉洗净，剁蓉；上海青洗净。
2. 将猪肉与姜末、蒜末、食盐、老抽、醋搅匀，用饺子皮包好备用。
3. 锅内加水烧开，下入饺子，待熟后，捞出摆盘，再将上海青焯熟，捞出沥干，摆入盛饺子的盘子。
4. 起油锅，加入食盐、老抽、醋、水淀粉做成味汁，淋在盘中即可。

农家一碗香

材料

猪肉250克，青椒、红椒各50克，鸡蛋2个

调味料

食盐3克，鸡精2克，食用油适量

做法

❶ 猪肉洗净，切块；青椒去蒂洗净，斜刀切段；红椒去蒂洗净，切片；鸡蛋打散备用。

❷ 热锅下油，倒入鸡蛋液，炒至八成熟，盛盘备用。

❸ 另起锅下油，放入猪肉略炒，再放入青椒、红椒，待熟，放入鸡蛋，翻炒均匀，加入食盐、鸡精调味，装盘即可。

田园一锅香

材料

五花肉150克，玉米250克，扁豆50克，红椒丝10克

调味料

食盐3克，葱白丝各10克，鸡精2克，食用油、老抽、醋各适量

做法

❶ 五花肉洗净，切片；扁豆洗净，切片；玉米洗净切段。

❷ 锅内倒入水烧热，放入玉米煮熟后，捞出沥干备用。

❸ 另起锅下油，放入五花肉炒至五成熟，放入扁豆，加入食盐、鸡精、老抽、醋调味，加适量清水，放入玉米一起烧至入味，待熟，装盘，用红椒丝、葱白丝点缀即可。

农家三干香

材料

猪肉250克，滑子菇、干豆角各150克

调味料

食盐3克，姜、蒜苗各10克

做法

❶ 猪肉洗净，切片；滑子菇洗净备用；干豆角泡发洗净，切段；姜去皮洗净，切片；蒜苗洗净，切段。

❷ 锅中放油烧热，放入姜片炒香，放入猪肉翻炒片刻，再放入滑子菇、干豆角，加入蒜苗同炒，加入食盐调味，即可装盘。

京式酱爆肉

材料

猪肉300克，青椒、红椒各10克，馍8个

调味料

食盐3克，鸡精2克，食用油、老抽、醋、水淀粉各适量，葱白10克

做法

❶ 猪肉洗净，切片；青椒、红椒均去蒂洗净，切丝；葱白洗净，切丝。

❷ 起油锅，放入猪肉翻炒一会儿，加入食盐、鸡精、老抽、醋烧至入味，待熟后用水淀粉勾芡，盛盘，用青椒、红椒、葱白点缀。

❸ 将馍入蒸锅蒸热后，取出摆盘即可。

金饼碎滑肉

材料

猪肉250克，青椒、红椒各50克，南瓜饼适量

调味料

食盐3克，鸡精2克，食用油、老抽、醋、鲜汤各适量

做法

❶ 猪肉洗净，切小块；青椒、红椒均去蒂洗净，切丁。

❷ 锅中放油烧热，放入南瓜饼，煎至熟透，捞出控油。

❸ 另起锅下油，放入猪肉略炒，再放入青椒、红椒，加入盐、鸡精、老抽、醋调味，再加入鲜汤烧沸，装盘，将南瓜饼摆盘即可。

家乡外婆菜

材料

猪肉250克，梅菜150克，馍适量

调味料

食盐3克，葱花20克，鸡精2克，食用油、老抽、醋各适量，干红辣椒20克

做法

❶ 猪肉洗净，切粒；梅菜洗净，切末；干红辣椒洗净，切碎。

❷ 起油锅，放入干红辣椒炒香，放入猪肉略炒，再放入梅菜，加入食盐、鸡精、老抽、醋调味，加水焖一会儿，待熟，放入葱花略炒，盛盘。

❸ 将馍放入蒸锅，蒸热后，取出摆盘即可。

香馍小炒肉

材料

馒头8个，青椒、红椒各20克，五花肉300克，粉丝100克

调味料

食盐3克，鸡精2克，食用油适量

做法

❶ 五花肉洗净切片；粉丝发好；青椒、红椒洗净去蒂切圈。

❷ 热锅下油，放入馒头煎至表面变黄，装盘备用。

❸ 另起油锅，放入五花肉炒至五成熟时，再放入青椒、红椒，加入食盐、鸡精调味，炒匀，盛入干锅，放入粉丝，加适量清水，烧至熟，摆上馒头即可。

草菇烧肉

材料

草菇300克，猪肉150克

调味料

食盐2克，食用油、老抽各适量，葱10克，蚝油6毫升

做法

❶ 将猪肉洗净，切片；草菇洗净，对切开来；葱洗净，切段。

❷ 锅中加水烧热，放入草菇焯烫片刻，捞起，沥干水。

❸ 另起锅，倒入油烧热，放入草菇、猪肉、葱段，调入食盐、老抽、蚝油，烧熟装盘即可。

肉末烧草菇

材料

猪肉200克，草菇250克

调味料

食盐3克，大葱5克，鸡精2克，食用油、老抽、醋、鲜汤各适量

做法

❶ 猪肉洗净，剁末；草菇洗净，切开；大葱洗净，切末。

❷ 热锅下油，放入肉末略炒，再放入草菇，注入适量鲜汤烧开，加入老抽、醋、食盐和鸡精调味，装盘，撒上葱花即可。

铁板山菌小烧肉

材料

五花肉150克，滑子菇、洋葱各150克，青椒、红椒各20克

调味料

食盐3克，鸡精2克，食用油、白糖、老抽、醋各适量

做法

❶ 五花肉、洋葱洗净切丝，将洋葱放入铁板；青椒、红椒洗净去蒂，切片；滑子菇洗净备用。

❷ 热锅下油，放入五花肉炒至五成熟，再放入滑子菇、青椒、红椒一起炒，加入食盐、鸡精、白糖、老抽、醋调味，待熟，盛在洋葱上。

❸ 铁板置火上，将洋葱烧至断生即可。

白菜烧五花肉

材料

白菜200克，五花肉250克，胡萝卜少许

调味料

食盐3克，鸡精2克，鲜汤适量

做法

1. 五花肉洗净，切片；白菜洗净，撕成条；胡萝卜洗净，切片。
2. 热锅下油，放入五花肉炒至五成熟时，放入白菜、胡萝卜，加入食盐、鸡精炒匀，倒入鲜汤，烧至熟，装盘即可。

腊豆肉丁鲜海带

材料

腊豆、青椒、红椒各50克，猪肉200克，海带200克

调味料

食盐3克，鸡精2克，食用油适量

做法

1. 猪肉洗净，切丁；青椒、红椒均去蒂洗净，切丁；海带洗净，切片；腊豆洗净备用。
2. 热锅下油，放入猪肉略炒，再放入腊豆、青椒、红椒、海带一起炒，注入少许清水烧开，加入食盐和鸡精调味即可。

八宝辣酱

材料

猪肉200克，香干100克，豌豆、花生各50克，虾仁少许

调味料

食盐3克，鸡精2克，食用油、老抽、红油、醋、水淀粉各适量

做法

❶ 猪肉洗净，切丁；香干洗净，切丁；豌豆、花生、虾仁均洗净备用。

❷ 热锅下油，放入猪肉略炒，再放入香干、豌豆、花生、虾仁一起炒，加入食盐、鸡精、老抽、红油、醋调味，待熟，加入水淀粉勾芡，装盘即可。

肉末烧奶芋

材料

猪肉150克，红椒10克，脱脂牛奶适量，芋头350克

调味料

食盐3克，食用油、鸡精各适量

做法

❶ 猪肉洗净，剁末；芋头去皮洗净，切块；红椒去蒂洗净，切末。

❷ 热锅下油，放入猪肉略炒，再放入芋头、红椒，加入食盐、鸡精调味，加适量清水烧开。

❸ 烧至快熟时，倒入脱脂牛奶烧开，装盘即可。

干锅农家肉

材料

五花肉250克，香干200克，青椒、红椒各30克

调味料

食盐3克，蒜20克，蒜苗15克，鸡精2克，食用油、老抽、辣椒酱、醋各适量，干红辣椒适量

做法

❶ 五花肉洗净，切片；香干洗净，切块；青椒、红椒均去蒂洗净，切圈；蒜去皮洗净；蒜苗洗净，切段；干红辣椒洗净。

❷ 热锅下油，放入干红辣椒、蒜爆香，放入五花肉炒至出油，再放入香干、青椒、红椒同炒，加入食盐、鸡精、老抽、辣椒酱、醋调味，待熟，放入蒜苗翻炒片刻，盛入干锅即可。

干锅五花肉

材料

五花肉500克，青椒、红椒、洋葱各80克

调味料

食盐、食用油、鸡精、生抽、醋各适量

做法

❶ 五花肉洗净，切片；青椒、红椒均去蒂洗净，切片；洋葱洗净，切片。

❷ 热锅下油，放入五花肉炒至五成熟时，加入食盐、鸡精、生抽、醋调味，待熟，放入青椒、红椒、洋葱炒匀，盛入干锅即可。

干锅香辣猪肉

材料

猪肉600克

调味料

食盐3克，干红辣椒30克，葱、花椒各5克，食用油、老抽、辣椒酱、醋各适量

做法

❶ 猪肉洗净，切块；干红辣椒洗净，切段；葱洗净，切段。

❷ 热锅下油，放入干红辣椒、花椒爆香，放入猪肉炒至五成熟。

❸ 盛入干锅，加适量清水焖一会儿，加入食盐、老抽、辣椒酱、醋调味，撒上葱段即可。

干锅萝卜五花肉

材料

白萝卜、香菜、五花肉各适量

调味料

食用油、盐、醋、老抽、豆豉、红油、红辣椒、蒜苗各适量

做法

❶ 五花肉、白萝卜洗净切片；蒜苗洗净切段；红椒洗净切圈；香菜洗净备用。

❷ 油锅烧热，放入豆豉、肉片炒熟，加入所有调味料稍炒后，注入少量清水，烧至汤汁收浓即可。

干锅风干藕

材料

卤莲藕500克，青尖椒、红尖椒各10克，五花肉、洋葱丝各50克

调味料

老抽5毫升，味精3克，十三香、胡椒粉各1克，食用油适量

做法

❶ 卤莲藕切片；青尖椒、红尖椒洗净切段；五花肉洗净切片。

❷ 锅内注油烧热，放入洋葱丝煸香，放入五花肉块煸香出油。

❸ 加入老抽、味精、十三香、胡椒粉，倒入藕片炒入味，撒入青、红尖椒即成。

干锅花菜烧肉

材料

花菜250克，五花肉200克，红椒10克

调味料

食盐3克，蒜苗10克，鸡精2克，食用油适量

做法

❶ 五花肉洗净，切块；花菜洗净，切块；蒜苗洗净，切段；红椒去蒂洗净，切圈。

❷ 热锅下油，放入五花肉翻炒片刻，再放入花菜，加入食盐、鸡精炒至入味。

❸ 盛入干锅，放入蒜苗，加适量清水，烧至断生，用红椒圈点缀即可。

干锅芦笋肉丝

材料

芦笋150克，红椒30克，猪肉500克

调味料

食盐3克，鸡精2克，食用油适量

做法

1. 猪肉洗净，切丝；芦笋洗净，切段；红椒去蒂洗净，切圈。
2. 热锅下油，放入猪肉翻炒片刻，放入芦笋、红椒一起炒，加入食盐、鸡精炒匀，盛入干锅即可。

酱味锅仔

材料

五花肉300克，青椒、红椒各50克，干豆角100克，香菜段少许

调味料

食盐3克，鸡精2克，食用油、辣椒酱、红油、老抽各适量

做法

1. 五花肉洗净切块；青椒、红椒洗净切圈；干豆角泡发洗净备用。
2. 热锅入油，放入五花肉炒至五成熟，再放入青椒、红椒、干豆角同炒，加入食盐、鸡精、辣椒酱、红油、老抽炒至入味，加适量清水，焖至熟。
3. 盛入干锅，用香菜段点缀即可。

干锅野生蘑

材料

野生蘑200克，猪肉300克，青椒、红椒各50克

调味料

食盐3克，葱10克，鸡精2克，食用油、老抽、醋各适量

做法

❶ 猪肉洗净，切丁；野生蘑洗净，切块；青椒、红椒均去蒂洗净，切圈；葱洗净，切段。

❷ 热锅下油，放入猪肉翻炒片刻，再放入野生蘑、青椒、红椒，加入食盐、鸡精、老抽、醋炒至入味，盛入干锅，撒上葱段即可。

干锅茶树菇

材料

干茶树菇150克，猪肉200克，青椒、红椒各20克

调味料

食盐3克，鸡精2克，食用油、老抽、鲜汤各适量

做法

❶ 猪肉洗净，切条；干茶树菇泡发洗净备用；青椒、红椒均去蒂洗净，切条。

❷ 将茶树菇放入干锅，加入食盐、鸡精、老抽、鲜汤调味，烧至熟。

❸ 起油锅，放入猪肉略炒，再放入青椒、红椒，加入食盐、鸡精炒至入味，盛在茶树菇上即可。

干锅腐竹

材料

腐竹250克，猪肉200克，红椒50克

调味料

食盐3克，葱10克，鸡精2克，食用油、老抽、醋各适量

做法

1. 猪肉洗净，切块；腐竹泡发洗净，切块；红椒去蒂洗净，切段；葱洗净，切段。
2. 油锅烧热，放入猪肉翻炒片刻，再放入腐竹、红椒，加入食盐、鸡精、老抽、醋炒至入味，盛入干锅，加入少许清水烧熟，撒上葱段即可。

扁豆肉丝钵

材料

扁豆250克，猪肉150克

调味料

食盐3克，干红辣椒20克，鸡精2克，食用油、醋适量

做法

1. 猪肉洗净，切丝；扁豆去掉老筋洗净，切丝；干红辣椒洗净，斜刀切段。
2. 油锅烧热，放入干红辣椒爆香，放入猪肉翻炒片刻，再放入扁豆稍炒，加入食盐、鸡精、醋调味。
3. 盛入钵内，加适量清水，烧至断生即可。

干锅萝卜花肉

材料

白萝卜400克，猪肉150克，青椒、红椒各50克，香菜少许

调味料

食盐3克，鸡精2克，食用油适量

做法

❶ 猪肉洗净，切片；白萝卜去皮洗净，切块；青椒、红椒均去蒂洗净，切丝；香菜洗净备用。

❷ 炒锅加油烧热，放入猪肉和白萝卜同炒至七成熟，再加入青椒、红椒同炒。

❸ 最后加入食盐、香菜、鸡精调味，起锅倒入干锅内即可。

干锅脆皮豆腐

材料

脆皮豆腐250克，红椒10克，猪肉250克，芹菜少许

调味料

食盐3克，鸡精2克，食用油、红油、老抽各适量

做法

❶ 猪肉洗净，切片；脆皮豆腐洗净，切块；芹菜洗净，切段；红椒去蒂洗净，切片。

❷ 热锅下油，放入猪肉片略炒，再放入芹菜、脆皮豆腐、红椒翻炒均匀，加入食盐、鸡精、红油、老抽炒入味。

❸ 盛入干锅，加适量清水，焖煮至熟即可。

干豆角蒸五花肉

材料

干豆角200克，五花肉300克

调味料

食盐3克，葱10克，鸡精2克，老抽、醋、卤水各适量

做法

❶ 五花肉洗净切块；干豆角泡发洗净，切段；葱洗净，切花。

❷ 将卤水倒入锅中烧开，放入五花肉卤至八成熟，捞出沥干，待凉。

❸ 将五花肉、干豆角用食盐、鸡精、老抽、醋调匀，入锅蒸熟，取出撒上葱花即可。

海带土豆条清蒸肉

材料

海带、土豆各150克，清蒸肉200克，香菜少许

调味料

食盐3克，葱5克，鸡精2克，高汤适量

做法

❶ 清蒸肉切块；海带泡发洗净，切片；土豆去皮洗净，切条；香菜洗净备用；葱洗净，切末。

❷ 锅中放油烧热，放入土豆炸至五成熟，再放入海带、清蒸肉，加入食盐、鸡精，倒入高汤，炖煮至熟，撒上葱花、香菜即可。

腩肉蒸白菜

材料

腩肉100克，白菜200克

调味料

食盐3克，胡椒粉2克，料酒10克，白醋、香油各适量

做法

1. 腩肉洗净，加食盐、料酒腌渍，汆水后捞出，切片；白菜洗净，切长条，摆入盘中，放上腩肉。
2. 将食盐、白醋、胡椒粉、香油调成味汁，淋在腩肉、白菜上。
3. 将备好的材料入锅蒸至熟透即可。

大白菜包肉

材料

大白菜300克，猪肉馅150克

调味料

食盐、味精各3克，老抽6毫升，花椒粉4克，香油、葱花、姜末、淀粉各适量

做法

1. 大白菜择洗干净。
2. 猪肉馅加上葱末、姜末、食盐、味精、老抽、花椒粉、淀粉搅拌均匀，将调好的肉馅放在菜叶中间，包成长方体形。
3. 将包好的肉放入盘中，入蒸锅用大火蒸10分钟至熟，取出淋上香油即可。

芋头烧酥肉

材料

猪肉200克，芋头300克

调味料

食盐3克，味精2克，葱花20克，食用油、辣椒油适量

做法

1. 猪肉洗净，切片；芋头去皮洗净，切成小块。
2. 锅内倒油烧热，把肉片炒至金黄色。
3. 加入水和芋头，煮10分钟，再加入食盐、味精、辣椒油烧至熟，撒上葱花即可。

芋头粉丝煮酥肉

材料

芋头100克，粉丝30克，五花肉400克，红椒20克，鸡蛋2个

调味料

食盐3克，淀粉130克，生抽8毫升，葱花、食用油各适量

做法

1. 五花肉洗净切大块；芋头去皮洗净，切块；粉丝泡发好；红椒洗净切圈；鸡蛋打散，加入淀粉拌匀，涂抹在五花肉上。
2. 锅内倒油烧热，放入腌好的五花肉，大火炸至金黄色，倒入清水煮5分钟，倒入芋头、粉丝，加入食盐、生抽调味，待熟，撒上葱花、红椒末即可。

山菌烩酥肉

材料

五花肉400克，枸杞子50克，滑子菇80克，鸡蛋1个

调味料

食盐3克，淀粉100克，生抽8毫升，食用油适量

做法

❶ 五花肉洗净，切片；枸杞子洗净备用；滑子菇洗净，切片；鸡蛋打散。

❷ 把淀粉、鸡蛋液混合后，放入肉片搅拌均匀，加食盐腌渍片刻。

❸ 油锅烧热，放入腌好的五花肉，大火炸至金黄色，倒入清水煮5分钟，加入滑子菇、枸杞子、食盐、生抽，待熟后装盘即可。

酥肉炖草菇

材料

五花肉300克，草菇100克，小笋80克，青椒、红椒各50克

调味料

食盐3克，淀粉100克，红油适量

做法

❶ 五花肉洗净，切片；草菇、小笋均洗净，切片；青椒、红椒均去蒂洗净，切圈。

❷ 把淀粉与肉片、适量清水搅拌均匀，加食盐腌渍5分钟。

❸ 油锅烧热，放入腌好的五花肉，大火炸至金黄色。

❹ 另起锅加入清水、红油，加入草菇、小笋、酥肉、青椒、红椒、食盐，小火炖熟即可。

酥肉炖粉条

材料

五花肉250克，红薯粉150克，金针菇30克

调味料

食盐3克，淀粉100克，生抽8毫升，食用油、葱花各适量

做法

1. 五花肉洗净，切条；金针菇洗净备用；红薯粉用冷水浸泡。
2. 把淀粉、水与肉搅拌均匀，腌5分钟。
3. 油锅烧热，放入腌好的五花肉，大火炸至金黄色。
4. 另起锅注水，加入红薯粉、五花肉、金针菇，加入食盐、生抽调味，待熟，撒上葱花即可。

酥肉山珍锅

材料

五花肉350克，鸡腿菇、茶树菇、菌菇各80克

调味料

食盐3克，淀粉100克，生抽8毫升，食用油适量

做法

1. 五花肉洗净，切小片；鸡腿菇洗净备用；茶树菇、菌菇洗净，撕片。
2. 把淀粉、水与肉搅拌均匀，腌5分钟。
3. 油锅烧热，放入腌好的五花肉，大火炸至金黄色。
4. 另起锅注水，倒入清水、鸡腿菇、五花肉、茶树菇、菌菇煮熟，加入食盐、生抽即可。

酥肉烧茄子

材料

五花肉300克，茄子200克，青椒、红椒各50克

调味料

食盐、鸡精各3克，淀粉100克，生抽8毫升，豆瓣酱适量

做法

❶ 五花肉洗净切条，用淀粉和生抽拌匀腌渍；茄子洗净，切块；青椒、红椒均去蒂洗净，切片。

❷ 油锅烧热，放入五花肉，大火炸至金黄色，捞出备用。

❸ 锅底留油，倒入茄子、青椒、红椒翻炒，加酥肉、水、食盐、鸡精、豆瓣酱焖烧2分钟至熟即可。

土匪肉

材料

五花肉500克

调味料

食盐、白芝麻各3克，葱花、糖各5克，干红辣椒150克，食用油、老抽、水淀粉、卤水各适量

做法

❶ 五花肉、干辣椒分别洗净。

❷ 锅内加水烧热，放入五花肉汆水，捞出沥干，再将五花肉放入卤水中卤熟，取出切块。

❸ 锅中放油烧热，放入干辣椒爆香，盛入砂锅底。

❹ 另起锅下油，放入白芝麻、食盐、糖、老抽、水淀粉，做成味汁，淋在五花肉上，再撒上葱花即可。

河南小酥肉

材料

五花肉350克

调味料

食盐3克，水淀粉100毫升，胡椒粉3克，食用油、生抽各适量

做法

❶ 将五花肉洗净，切条，用水淀粉抓匀上浆。

❷ 油锅烧热，放入五花肉炸熟。

❸ 另起锅烧热，加入水、食盐、生抽、胡椒粉，焖煮收汁即可。

金昌红酥肉

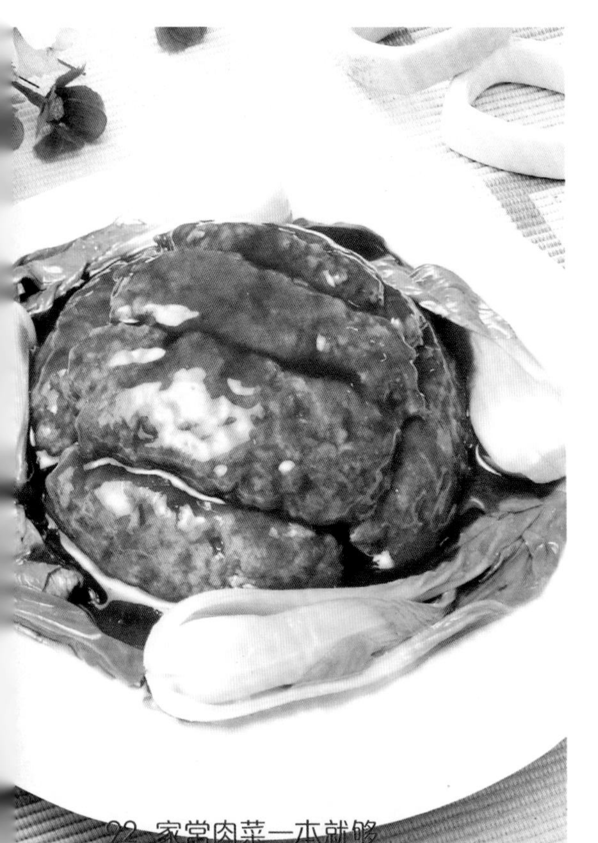

材料

五花肉400克，上海青100克

调味料

食盐3克，醋8毫升，老抽10毫升，糖15克，食用油、水淀粉各适量

做法

❶ 五花肉洗净，切块；上海青洗净，焯水后摆盘。

❷ 油锅烧热，放入肉块翻炒至金黄色时，调入食盐，烹入醋、老抽、糖一起焖煮至汤汁收浓时，加入水淀粉勾芡，起锅装入盛上海青的盘中即可。

泼辣酥肉

材料

五花肉500克

调味料

食盐、食用油、味精、老抽、葱、水淀粉各适量，干红辣椒20克

做法

❶ 五花肉洗净，切块，裹上水淀粉；干辣椒洗净，切段；葱洗净，切末。

❷ 锅中注油烧热，放入肉块炸至酥脆，再注入清水，放入干辣椒焖煮。

❸ 煮至熟后，加入食盐、味精、老抽调味，撒上葱花即可。

农家酥肉

材料

五花肉350克，上海青250克

调味料

食盐3克，味精2克，生抽8毫升，水淀粉50毫升

做法

❶ 五花肉洗净，切条，用水淀粉上浆；上海青洗净，用沸水焯至断生。

❷ 油锅烧热，将肉翻炒至金黄色，捞出备用。

❸ 另起锅，注水烧沸后，加入酥肉和上海青同煮，调入食盐、味精、生抽即可。

酥肉炖菠菜

材料

五花肉350克，菠菜200克，茶树菇50克

调味料

食盐3克，味精2克，水淀粉50毫升，食用油适量

做法

❶ 五花肉洗净，切条，用水淀粉上浆；菠菜洗净，用沸水焯熟；茶树菇洗净备用。

❷ 油锅烧热，放入肉翻炒至金黄色，加入水、菠菜、茶树菇、食盐、味精，一起煮熟即可。

泼辣汁酥肉

材料

五花肉300克，上海青150克，圣女果1颗

调味料

食盐3克，食用油、味精、酸菜酱、水淀粉各适量

做法

❶ 五花肉洗净，切条，用水淀粉上浆；上海青洗净，用沸水焯熟；圣女果洗净备用。

❷ 油锅烧热，放入肉翻炒至金黄色时，加入清水、上海青、食盐、味精一起煮。

❸ 起锅时撒上酸菜酱，用圣女果摆盘即可。

极品酥肉

材料

五花肉400克，香叶80克，红椒20克

调味料

食盐3克，味精3克，熟白芝麻10克，孜然10克，食用油适量，干红辣椒20克

做法

❶ 五花肉洗净，切条；香叶洗净；干红椒洗净，切碎；红椒去蒂洗净，切圈。

❷ 油锅烧热，把肉放入锅中炸至金黄色。

❸ 锅底留油，放入干红椒、红椒、香叶炒香，放入酥肉，调入食盐、味精、孜然和白芝麻，炒熟即可。

酥白肉

材料

肥膘肉200克，鸡蛋清40克

调味料

黑芝麻5克，猪油适量，糖10克，淀粉50克

做法

❶ 肥膘肉洗净，切厚片；鸡蛋清加干淀粉调成稀糊，放入肉片抓匀。

❷ 锅内放猪油烧至五六成热，将肉逐片放入锅内，炸至浅黄色，捞出备用。

❸ 另起锅放少许水，加糖炒至浅黄色的糖浆，倒入炸好的白肉，撒上芝麻，使糖浆全包裹在白肉上即可出锅。

鲜菜小酥肉

材料

豆苗150克，五花肉300克，海带丝100克

调味料

食盐3克，味精2克，水淀粉50毫升，葱花10克，食用油适量

做法

❶ 五花肉洗净，切条，用水淀粉上浆；豆苗、海带丝均洗净备用。

❷ 油锅烧热，放入肉炸至金黄色时，加入清水、海带丝、豆苗、食盐、味精一起煮，待熟后撒上葱花，盛盘即可。

鸡蛋肉卷

材料

鸡蛋2个，五花肉300克

调味料

食盐3克，食用油适量

做法

❶ 猪肉洗净，剁碎，加入食盐拌匀；鸡蛋打散置于碗中。

❷ 油锅烧热，将鸡蛋两面煎透至金黄色。

❸ 将剁碎的肉用鸡蛋饼卷起，切成段，排于盘中蒸熟即可。

海带蒸肉

材料

海带200克，五花肉300克

调味料

食盐3克

做法

❶ 猪肉洗净，切条，加入食盐拌匀腌2分钟；海带用冷水泡好洗净。

❷ 用泡好的海带卷起五花肉，切段，摆入盘中，放入锅中蒸熟即可。

香叶酥肉

材料

香叶100克，五花肉300克，生菜200克，红椒20克

调味料

食盐、味精各3克，水淀粉100毫升，食用油适量

做法

❶ 五花肉洗净，切条，用水淀粉上浆；香叶洗净；红椒去蒂洗净，切片；生菜洗净摆盘。

❷ 油锅烧热，下肉翻炒至金黄色，加入香叶、红椒、食盐、味精一起翻炒，炒熟后盛入装生菜的盘子即可。

咸菜肉丝蛋花汤

材料

咸菜100克，猪瘦肉75克，鸡蛋1个，胡萝卜30克

调味料

食用油10毫升，老抽少许

做法

❶ 将咸菜、猪瘦肉洗净切丝；胡萝卜去皮洗净切丝；鸡蛋打入容器后，搅匀备用。

❷ 净锅上火倒入食用油，放入肉丝煸炒，再放入胡萝卜、咸菜稍炒，烹入老抽，倒入清水煲至熟，淋入鸡蛋液即可。

猪肉芋头香菇煲

材料

猪肉90克，香菜末3克，芋头200克，香菇8朵

调味料

八角1个，葱、姜末各2克，食盐、老抽各少许，食用油适量

做法

❶ 将芋头去皮洗净，切滚刀块；猪肉洗净，切片；香菇洗净切块备用。

❷ 净锅上火倒入食用油，将葱、姜末、八角爆香，下入猪肉煸炒，烹入老抽，放入芋头、香菇同炒，倒入清水，调入食盐煲至熟，撒上香菜末即可。

黄油蘑清蒸肉

材料

黄油蘑200克，猪肉200克，白菜150克

调味料

食盐3克，鸡精2克，红油、鲜汤各适量

做法

❶ 猪肉洗净，入蒸锅蒸熟后，取出切块；黄油蘑洗净，切块；白菜洗净，撕成小片。

❷ 将黄油蘑、白菜、猪肉放入干锅内翻炒至熟，加入食盐、鸡精、红油、鲜汤调味，大火炖煮至熟即可。

蜜桃香酥肉

材料

蜜桃1个，肥膘肉300克

调味料

椰蓉30克，白糖10克

做法

❶ 将肥膘肉洗净，去掉硬皮，切成块；蜜桃洗净，切片。

❷ 净锅注油烧热，放入白糖，再放入肉块炸至金黄色，起锅装入摆好蜜桃的盘内，撒上椰蓉即可。

私房钵钵肉

材料

五花肉500克

调味料

食盐3克，食用油、老抽、醋、水淀粉各适量

做法

❶ 五花肉洗净备用；锅内加水烧热，调入食盐、老抽，放入五花肉卤熟，捞出沥干，切片摆盘。

❷ 净锅下油烧热，调入食盐、老抽、醋、水淀粉，做成味汁，均匀地淋在五花肉上即可。

五花肉焖豆腐

材料

五花肉、红椒各适量，豆腐150克

调味料

食盐、食用油、老抽、蒜末、味精、蒜苗段、豆瓣酱、葱段各适量

做法

❶ 所有原材料分别洗净，豆腐、五花肉均切片。

❷ 油锅烧热，放入豆腐片煎至两面脆黄，起锅盛入碗中。

❸ 锅底留余油，爆香蒜末，将肉片加入煸炒至变白，加少许老抽着色，再加入红椒、蒜苗翻炒2分钟。

❹ 最后将煎好的豆腐倒入锅中，加入各调味料调好味，加少许清水焖熟，撒上葱段，装碗即可。

锅巴肉片

材料

猪肉300克，炸好的大米锅巴100克，笋片、莴笋片、水发黑木耳、荷兰豆各20克，鸡蛋清适量

调味料

食用油、姜末、老抽、食盐、水淀粉各适量

做法

❶ 猪肉洗净切片，加食盐、蛋清挂浆。

❷ 将老抽、食盐、水淀粉调成芡汁。

❸ 油锅烧热，放入肉片炒熟，倒入漏勺；锅内留油，爆香姜末，放入剩余原材料和肉片炒匀，烹芡汁后浇在锅巴上即成。

02

鲜嫩可口丸子

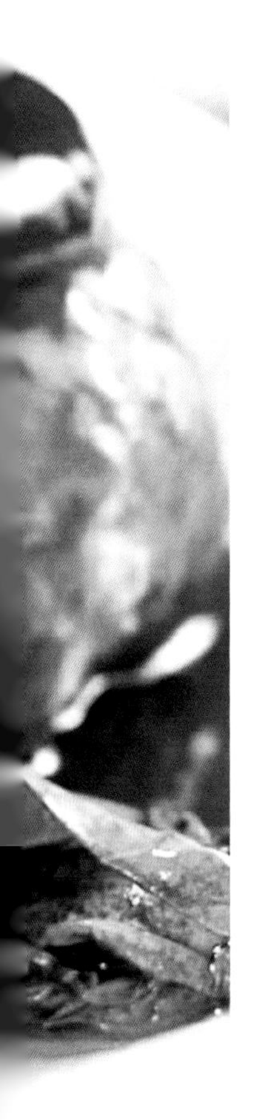

丸子是餐桌上不能错过的美食，无论是干炸还是焦溜，或是做汤都美味无比，一口咬下去，香滑鲜嫩，口感丰富，满嘴留香。

砂锅清水丸子

材料

猪肉300克，上海青200克，胡萝卜50克

调味料

食盐3克，鸡精2克

做法

1. 猪肉洗净剁成泥，用手挤成丸子；上海青洗净，撕片；胡萝卜洗净去皮，切片。
2. 锅内放入水烧开后，放入肉丸、胡萝卜、上海青、食盐和鸡精，用大火煮熟即可。

珍珠丸子

材料

五花肉400克，糯米50克，鸡蛋2个，马蹄50克

调味料

食盐3克，葱末、姜末、味精、料酒各适量

做法

1. 五花肉洗净，剁成蓉；马蹄去皮洗净，切末；糯米洗净，泡发。
2. 肉蓉中打入鸡蛋，加入马蹄末、葱末、姜末、食盐、味精、料酒，搅拌至黏稠后，挤成直径3厘米的肉丸，再将每个肉丸沾上糯米。
3. 将肉丸放入蒸笼中，蒸10分钟后取出装盘即可。

湘味珍珠丸子

材料

猪肉250克，糯米300克，鸡蛋清60克，红椒15克

调味料

葱各15克，食盐3克，糖6克，味精1克，老抽、香油各适量

做法

1. 糯米洗净，泡发；猪肉洗净，剁碎；红椒洗净，切粒；葱洗净，切碎。
2. 猪肉末加入鸡蛋清、食盐、糖、味精、老抽、香油拌匀，甩打至有弹性，团成丸状。
3. 将丸子放在糯米上打滚，装在抹有香油的盘上，入锅蒸20分钟，撒上红椒粒、葱花即可。

红烧狮子头

材料

五花腩肉1000克，香菇8朵，菜心2棵，鸡蛋1个，马蹄5个

调味料

蚝油10毫升，食盐、味精各3克，糖水10克，食用油、姜末各适量

做法

1. 马蹄去皮洗净，切丁；五花腩肉洗净，剁碎，打入鸡蛋，加马蹄丁、姜末及食盐拌至有黏性，用手捏成丸子。
2. 肉丸子上笼蒸1小时，入油锅中炸至金黄色，捞出沥油，装盘。
3. 香菇、菜心均洗净，放入加有食盐、食用油的沸水中焯熟，捞出摆盘，调味料入锅中勾芡，淋于肉丸子上即可。

砂锅丸子

材料

猪肉350克，大白菜200克

调味料

食盐3克，鸡精2克

做法

1. 猪肉洗净，剁成泥，用手挤成丸子；大白菜洗净，切段。
2. 净锅内放入水，加入肉丸、大白菜煮至肉丸熟透。
3. 加入食盐和鸡精调味即可。

砂锅一品丸子

材料

猪肉250克，鱼糕200克，黄花菜80克，黑木耳20克

调味料

食盐3克，鸡精2克，葱10克，食用油适量

做法

1. 猪肉洗净剁成泥，用手挤成丸子；鱼糕洗净切片；黄花菜、黑木耳洗净，泡发；葱洗净切段。
2. 油锅烧热，放入肉丸炸至金黄色，捞出。
3. 锅内放入水、肉丸、鱼糕、黄花菜、黑木耳、食盐、鸡精，用大火煮熟，撒上葱段即可。

枸杞酸菜肉丸

材料

枸杞子5克，酸菜50克，猪肉300克

调味料

食盐3克，鸡精2克，高汤适量

做法

1. 猪肉洗净，剁成泥，用手挤成丸子；枸杞子洗净备用。
2. 锅内放入高汤烧开后，倒入肉丸、酸菜、枸杞子、食盐、鸡精，用大火煮熟即可。

酸菜肉丸钵

材料

酸菜100克，猪肉400克

调味料

食盐3克，味精、鸡精各2克，料酒5毫升，姜末、蒜末各10克，葱25克，清汤适量

做法

1. 猪肉洗净，剁成蓉；酸菜洗净沥干，切末；葱洗净，切段。
2. 猪肉蓉中加入食盐、味精、鸡精、料酒和蒜末、姜末，搅拌均匀，制成大小适中的丸子。
3. 砂锅中加清汤烧沸，放入丸子煮至断生时，加入酸菜煮熟，倒入葱段，稍煮即可。

砂锅白菜肉丸

材料

猪肉300克，白菜叶100克，青椒、红椒各30克

调味料

食盐3克，鸡精2克，高汤适量

做法

❶ 猪肉洗净剁成泥，用手挤成丸子；白菜叶洗净备用；青椒、红椒洗净，切丝备用。

❷ 锅内放入高汤、肉丸、白菜叶、食盐、鸡精，用大火炖煮，出锅时撒上青椒、红椒丝即可。

京味汆丸子

材料

猪肉350克，白萝卜150克，上海青200克

调味料

食盐3克，鸡精2克，高汤适量

做法

❶ 猪肉洗净剁成泥，用手挤成丸子；上海青洗净备用；白萝卜洗净，切片备用。

❷ 锅内注入高汤烧沸，放入肉丸、白萝卜，用大火炖煮，再放入上海青煮至断生。

❸ 加入食盐和鸡精调味，搅匀即可。

神州三合

材料

猪肉300克，鱼糕100克，马蹄200克

调味料

食盐3克，鸡精2克，鸡汤适量

做法

1. 猪肉洗净剁成泥，用手挤成丸子；鱼糕洗净，切片；马蹄去皮洗净备用。
2. 锅内放入鸡汤、肉丸、鱼糕片、马蹄，大火煮开，调入食盐、鸡精，改小火煲熟即可。

红汤丸子

材料

猪肉500克，番茄200克

调味料

食盐3克，鸡精2克，姜5克，淀粉6克，胡椒粉3克

做法

1. 猪肉洗净剁成泥；番茄洗净去皮，切成块；姜洗净，切末。
2. 猪肉加入姜末、淀粉、胡椒粉、食盐、鸡精和水拌匀，捏成丸子；净锅加水烧开，倒入丸子煮熟，加入番茄煮开。
3. 加入食盐、鸡精调味即可。

丸子木耳汤

材料

猪肉300克，黑木耳100克，红辣椒80克，魔芋豆腐100克，香菜适量

调味料

食盐3克，鸡精2克，食用油、红油各适量

做法

1. 猪肉洗净，一半剁成泥，用手挤成丸子；一半切成片；黑木耳洗净，泡发；红辣椒洗净，切圈；魔芋豆腐、香菜均洗净备用。
2. 油锅烧热，放入肉丸，炸熟捞起。
3. 净锅内加水烧沸，加入红油、肉丸、肉片、魔芋豆腐、黑木耳，大火炖煮，放入食盐、鸡精，煲熟，撒上香菜即可。

农家第一碗

材料

猪肉350克，包菜200克，红椒50克

调味料

食盐、食用油、鸡精、大蒜、姜片、生抽各适量

做法

1. 猪肉洗净剁成泥，用手挤成丸子；包菜、大蒜洗净，切丝；红椒洗净，切片备用。
2. 油锅烧热，放入肉丸炸至金黄色，捞出沥油。
3. 净锅内放入水、姜片、红椒、蒜丝煮开，放入肉丸煮至断生，再加入包菜煮至熟透，加入生抽、食盐、鸡精调味即可。

干锅绣球丸子

材料

猪肉300克，青椒、红椒各50克，豆腐皮100克，香菜适量

调味料

食盐、食用油、鸡精、水淀粉、红油、生抽各适量

做法

1. 猪肉洗净剁成泥，加入水淀粉搅拌，用手挤成丸子；青椒、红椒洗净，切圈；豆腐皮洗净，切条；香菜洗净，备用。
2. 油锅烧热，放入肉丸炸至金黄色，捞出。
3. 净锅内放入水、红油、肉丸、豆腐皮大火炖煮，调入食盐、鸡精、生抽，撒上辣椒圈、香菜即可。

农家炖丸子

材料

猪肉500克，枸杞子5克，香菜段适量

调味料

食盐、食用油、鸡精、淀粉、老抽各适量

做法

1. 猪肉洗净剁成泥，加入食盐、淀粉、鸡精和老抽搅匀制成肉丸。
2. 油锅烧热，放入肉丸炸至金黄色，捞出。
3. 净锅内注水，加入枸杞子烧沸，放入肉丸大火炖煮，放入食盐、鸡精调味，撒上香菜段即可。

黄焖丸子

材料

猪肉250克，西蓝花100克

调味料

食盐、食用油、鸡精、水淀粉、老抽各适量

做法

1. 猪肉洗净剁成泥，加入水淀粉搅拌，用手挤成丸子；西蓝花洗净，掰成小朵。
2. 油锅烧热，放入肉丸炸至金黄色，捞出。
3. 净锅内放入水、肉丸、西蓝花，大火炖煮，调入食盐、鸡精、老抽，煮至收汁即可。

农家烧丸子

材料

猪肉400克

调味料

食盐、食用油、鸡精、水淀粉、蚝油各适量

做法

1. 猪肉洗净剁成泥，加入水淀粉搅拌均匀，用手挤成丸子。
2. 油锅烧热，放入肉丸炸至金黄色，捞出。
3. 净锅内放入水、肉丸，大火炖煮至熟，调入食盐、鸡精、蚝油即可。

咱家蒸丸子

材料

猪肉300克，红枣20克，枸杞子5克，西芹30克

调味料

食盐、食用油、鸡精、水淀粉、八角各适量

做法

1. 猪肉洗净剁成泥，加入水淀粉搅拌均匀，用手挤成丸子；红枣、枸杞子洗净；西芹洗净，切段。
2. 油锅烧热，放入肉丸炸至金黄色，捞出。
3. 净锅内放入水、肉丸、红枣、枸杞子、八角、西芹，大火炖煮，调入食盐、鸡精即可。

红烧香菇丸子

材料

香菇30克，猪肉400克，笋100克

调味料

食盐、食用油、鸡精、淀粉、老抽各适量

做法

1. 猪肉洗净剁成泥，加入淀粉搅拌，用手挤成丸子；香菇洗净泡发，切片；笋洗净，切片。
2. 油锅烧热，放入肉丸炸至金黄色，捞出。
3. 净锅内放入水、肉丸、香菇、笋、老抽，翻炒至收汁，调入食盐、鸡精即可。

番茄酱土豆肉丸

材料

土豆300克，猪肉350克，辣椒50克

调味料

食盐、食用油、鸡精、水淀粉、番茄酱各适量

做法

1. 猪肉洗净剁成泥，加入水淀粉搅拌，用手挤成丸子；土豆去皮洗净，切成小块；辣椒去蒂洗净，切片。
2. 锅中注油烧热，放入肉丸炸至金黄色，捞出控油。
3. 净锅放下土豆、肉丸、辣椒，加水焖熟，调入食盐、鸡精、番茄酱炒匀即可。

辣椒土豆焖丸子

材料

辣椒80克，土豆200克，猪肉450克

调味料

食盐、鸡精、水淀粉、葱花、食用油、老抽各适量

做法

1. 猪肉洗净剁成泥，加入水淀粉、葱花搅拌，用手挤成丸子；土豆去皮洗净，切小块；辣椒洗净，切片。
2. 油锅烧热，放入肉丸炸至金黄色，放入水、土豆、辣椒、老抽焖烧5分钟，调入食盐、鸡精即可。

焦熘葱丝丸子

材料

猪肉500克，马蹄200克

调味料

食盐3克，鸡精2克，食用油、姜末、水淀粉、葱丝、老抽各适量

做法

1. 猪肉洗净剁成泥；马蹄去皮洗净，切末，与肉泥置于同一容器，加入食盐、水淀粉、姜末、鸡精搅匀制成肉丸。
2. 油锅烧热，放入肉丸炸至金黄后捞出控油；锅里留油，放入葱丝、老抽炒香，加入肉丸和适量清水煮熟。
3. 加食盐调味即可。

宫爆小丸子

材料

猪肉400克，花生仁80克

调味料

食盐3克，干红辣椒10克，鸡精2克，食用油、水淀粉、大蒜、花椒、老抽各适量

做法

1. 猪肉洗净剁成泥，加入水淀粉搅拌，用手挤成丸子；干红辣椒洗净切段；大蒜去皮洗净，切片；花椒洗净。
2. 油锅烧热，放入肉丸、花生仁炸至金黄色，捞出沥油，摆盘。
3. 锅底留油，加入老抽、食盐、干红辣椒、鸡精、大蒜翻炒，用水淀粉勾芡，淋在肉丸上即可。

秘制肉丸

材料

猪肉300克，西蓝花100克，圣女果80克，马蹄100克

调味料

食盐、食用油、鸡精、水淀粉、姜末、老抽各适量

做法

1. 猪肉洗净剁成泥，加入水淀粉搅拌均匀，用手挤成丸子；圣女果洗净，对半切开摆盘；马蹄洗净，去皮摆盘；西蓝花洗净掰成小朵，摆盘待用。
2. 油锅烧热，加入肉丸炸至金黄色，捞出摆盘；锅底留油，加入老抽、姜末、食盐、鸡精、水翻炒，用水淀粉勾芡，淋在盘中即可。

熘丸子

材料

猪肉400克，辣椒50克

调味料

食盐、食用油、鸡精、老抽各适量

做法

1. 猪肉洗净剁成泥，加入水淀粉搅拌，用手挤成丸子；辣椒洗净，切圈。
2. 油锅烧热，放入肉丸炸至金黄色，捞出沥油。
3. 另起油锅，加入辣椒圈，调入老抽和水烧开，加入肉丸烧至熟透，最后调入食盐和鸡精，起锅即可。

笋干丸子

材料

笋200克，猪肉300克，上海青100克

调味料

食盐、食用油、鸡精、生抽各适量

做法

1. 猪肉洗净剁成泥，加入水淀粉搅匀，用手挤成丸子；笋洗净，切片；上海青洗净备用。
2. 上海青、笋用开水焯熟，摆盘。
3. 油锅烧热，放入肉丸炸熟后捞出沥油，装盘。
4. 锅里留油，加入生抽、食盐、鸡精、水调味汁，淋在肉丸上即可。

南煎丸子

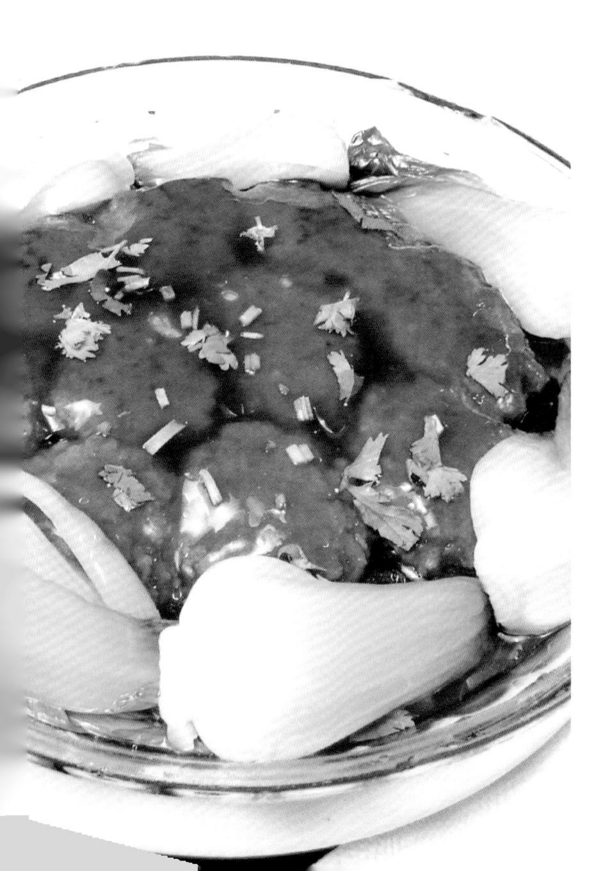

材料

猪肉400克，上海青200克，香菜适量

调味料

食盐、食用油、鸡精、老抽、水淀粉各适量

做法

1. 猪肉洗净剁成泥，加入水淀粉搅匀，用手挤成肉丸；上海青洗净，摆盘备用；香菜洗净，切末。
2. 油锅烧热，放入肉丸炸至金黄色捞出。
3. 锅里留油，加入老抽、食盐、鸡精、水，烧开后放入肉丸翻炒，用水淀粉勾芡，盛在盘中撒上香菜即可。

三鲜烩肉丸

材料

鱿鱼200克，黄瓜100克，胡萝卜50克，猪肉300克

调味料

食盐、食用油、鸡精、老抽、水淀粉各适量

做法

1. 猪肉洗净剁成泥，加入水淀粉搅拌，用手挤成丸子；黄瓜洗净切片；胡萝卜洗净去皮，切片；鱿鱼处理干净，打花刀。
2. 油锅烧热，放入肉丸，炸至金黄色捞起。
3. 锅底留油，放入鱿鱼、黄瓜、胡萝卜同炒，加入食盐、鸡精、老抽调味，放入肉丸，用水淀粉勾芡，装盘即可。

家常丸子汤

材料

猪肉300克，紫甘蓝100克，黄豆芽100克，黑木耳30克

调味料

食盐、食用油、鸡精、老抽、水淀粉各适量

做法

1. 猪肉洗净剁成泥，加入水淀粉搅匀，用手挤成丸子；黄豆芽洗净；黑木耳泡发，洗净，撕片；紫甘蓝洗净，切丝。
2. 油锅烧热，放入肉丸，炸至金黄色，捞起沥油。
3. 锅底留油，加入老抽、食盐、鸡精、清水、紫甘蓝、黄豆芽、肉丸、黑木耳，煮熟即可。

白菜烧小丸子

材料

白菜200克，猪肉300克

调味料

食盐、食用油、鸡精、生抽、葱花、水淀粉各适量

做法

1. 猪肉洗净剁成泥，加入水淀粉搅匀，用手挤成丸子；白菜洗净，撕片。
2. 油锅烧热，放入肉丸，炸至金黄色后捞起。
3. 锅中留油，放入肉丸，加入食盐、鸡精、生抽、清水、白菜翻炒，撒上葱花即可。

白菜粉丝烧丸子

材料

白菜、猪肉丸子各200克，粉丝100克，香菜末适量

调味料

老抽3毫升，淀粉4克，葱末、食用油各适量

做法

1. 白菜洗净切段；粉丝泡发，洗净。
2. 锅中倒油加热，下入白菜炒熟，倒入肉丸子和粉丝，加入适量清水烧熟。
3. 加老抽调味，最后用淀粉加水勾芡，出锅后撒上葱末和香菜末即可。

砂锅杂烩

材料

猪肉200克，豆腐、腊肉、黑木耳各适量

调味料

食盐3克，鸡精2克，食用油、生抽各适量

做法

1. 猪肉洗净剁成泥，加入水淀粉搅匀，用手挤成丸子；豆腐洗净，切块；腊肉洗净，切片；黑木耳泡发，洗净备用。
2. 油锅烧热，放入肉丸炸至金黄色，捞出。
3. 净锅注水烧热，放入肉丸、豆腐、腊肉、黑木耳，加入食盐、鸡精、生抽调味，煮熟即可。

铁板三鲜丸子

材料

猪肉200克，辣椒、洋葱、鱿鱼、胡萝卜、黄瓜、滑子菇各适量

调味料

食盐、食用油、鸡精、生抽、水淀粉各适量

做法

1. 猪肉洗净剁成泥，加入水淀粉搅匀，用手挤成丸子；黄瓜洗净切块；胡萝卜洗净去皮，切块；滑子菇洗净；鱿鱼洗净，打花刀；辣椒、洋葱洗净，切片。
2. 油锅烧热，放入肉丸炸至金黄色，捞出；锅里留油，加入辣椒、洋葱、鱿鱼、胡萝卜、黄瓜、肉丸、滑子菇翻炒，加入食盐、鸡精、生抽调味，烧熟即可。

毛氏丸子

材料

猪肉300克，生菜50克，榨菜、胡萝卜各适量

调味料

食用油、水淀粉各适量

做法

1. 猪肉洗净剁成泥；榨菜、胡萝卜洗净切碎，加入猪肉、水淀粉搅拌，用手挤成丸子；生菜洗净，摆盘。
2. 油锅烧热，放入肉丸炸熟，捞出沥油，摆盘即可。

吉利香菜丸子

材料

猪肉400克，榨菜100克，香菜适量

调味料

食盐、食用油、鸡精、生抽、水淀粉各适量

做法

1. 猪肉洗净剁成泥；榨菜、香菜均洗净切碎，加入猪肉、水淀粉、食盐、鸡精、生抽搅拌，用手挤成丸子。
2. 油锅烧热，放入肉丸炸至金黄色捞出，摆盘即可。

老虎酱小丸子

材料

猪肉400克

调味料

食盐、鸡精、水淀粉各适量，胡椒粉1碟，沙茶酱1碟

做法

1. 猪肉洗净剁成泥，调入食盐、鸡精、水淀粉搅匀，用手挤成丸子。
2. 油锅烧热，放入肉丸炸至金黄色捞出，摆盘，配沙茶酱、胡椒粉蘸着吃即可。

锅巴丸子

材料

猪肉400克，青椒粒、红椒粒、锅巴适量

调味料

食盐、食用油、鸡精、生抽、水淀粉各适量

做法

1. 猪肉洗净剁成泥，加入水淀粉、锅巴搅拌，用手挤成丸子。
2. 油锅烧热，放入肉丸炸至金黄色，捞起。
3. 锅里留油，放入食盐、鸡精、肉丸、青椒粒、红椒粒、生抽翻炒均匀，摆盘即可。

干炸酥小丸

材料

猪肉500克，黑木耳30克

调味料

食盐4克，鸡精２克，食用油、水淀粉、姜各适量，沙茶酱1碟、熟芝麻1碟

做法

1. 猪肉洗净剁成泥，加入食盐、鸡精、水淀粉搅匀，用手挤成丸子；黑木耳泡发，洗净备用；姜去皮洗净，切丝。
2. 油锅烧热，放入肉丸炸至黄色捞出，摆盘；将黑木耳、姜丝、香油放入油锅做成味汁，淋在肉丸上。
3. 配沙茶酱、熟芝麻蘸着吃即可。

香酥御丸

材料

猪肉450克，生菜100克

调味料

食盐、食用油、鸡精、水淀粉、胡椒粉各适量

做法

❶ 猪肉洗净剁成泥，调入食盐、鸡精、水淀粉搅匀，用手挤成丸子；生菜洗净，摆盘。

❷ 油锅烧热，放入肉丸炸至金黄色捞出，撒上少许胡椒粉，摆盘即可。

孜然肉丸

材料

猪肉400克，辣椒50克，猪血100克

调味料

孜然、食盐、食用油、鸡精、辣椒粉、水淀粉各适量

做法

❶ 猪肉洗净剁成泥，调入食盐、鸡精、水淀粉、猪血搅拌，用手挤成丸子；辣椒洗净，切碎。

❷ 油锅烧热，放入肉丸炸熟后捞出，撒上少许孜然、辣椒粉，辣椒摆盘即可。

干炸丸子

材料

猪肉末600克，包菜丝100克，鸡蛋液适量，红椒丝少许

调味料

葱花、食用油、姜末、料酒、食盐、老抽、水淀粉各适量

做法

1. 猪肉末加入葱花、姜末、料酒、鸡蛋液、食盐、老抽、水淀粉搅匀，用手挤成小丸子。
2. 包菜丝、红椒丝均焯水后，放入盘底。
3. 油锅烧热，将肉丸入锅炸至金黄色捞出，用勺将丸子拍松，再入锅炸，反复炸几次至焦脆，捞出装盘即可。

滑肉丸

材料

猪肉400克，香菇50克，黄瓜100克

调味料

食盐、鸡精各3克，老抽、水淀粉各适量

做法

1. 猪肉洗净剁成泥；香菇洗净泡软，切碎；调入食盐、鸡精、水淀粉搅匀，用手挤成丸子；黄瓜洗净，切片摆盘。
2. 净锅中注水，调入老抽烧开，加入肉丸煮熟，捞起装盘即可。

蒸丸子

材料

猪肉350克，香菜、黄瓜各100克

调味料

食盐、鸡精、水淀粉各适量

做法

1. 猪肉洗净剁成泥；香菜洗净切碎，调入食盐、鸡精、水淀粉搅匀，用手挤成丸子；黄瓜洗净，切片摆盘。
2. 将肉丸放入蒸笼蒸熟后装盘即可。

焦熘丸子

材料

五花肉300克，香菇100克，黑木耳10克，青椒片、红椒片各5克

调味料

料酒15毫升，水淀粉200克，醋、老抽各10毫升，食盐各5克，食用油适量

做法

1. 香菇洗净，剁成末；五花肉洗净，剁成末，加入香菇末、食盐、料酒、水淀粉用力搅至胶状，挤成丸子；黑木耳泡发洗净。
2. 热锅入油，放入丸子炸至金黄色，捞出沥油。
3. 锅内留少许油，放入黑木耳、青椒片、红椒片、丸子翻炒几下，加入食盐、醋、老抽、料酒翻炒至熟即可。

珍珠肉丸

材料

猪肉350克，糯米150克，枸杞子10克，香菜适量

调味料

食盐、鸡精、料酒、葱花各适量

做法

1. 糯米洗净泡发，沥干水后加食盐拌匀；猪肉洗净剁成泥，用手挤成丸子；调入食盐、鸡精、料酒腌渍一天后备用；枸杞子洗净；香菜洗净切末。
2. 将肉丸放入蒸笼中，铺上糯米，撒上枸杞子，蒸40分钟，取出撒上葱花、香菜即可。

糯米肉丸子

材料

糯米100克，猪肉泥300克，红椒10克，鸡蛋清适量

调味料

葱花5克，食盐3克，味精2克，食用油、淀粉各适量

做法

1. 糯米洗净，泡发；红椒洗净，切丁。
2. 猪肉泥加鸡蛋清、食盐、味精及少许淀粉搅拌均匀，挤成丸子，在表面均匀裹上一层糯米。
3. 将肉丸上锅蒸熟后，取出；红椒入油锅炒香，倒在丸子上，撒上葱花，用淀粉加水勾芡即可。

藏心狮子头

材料

五花肉450克，马蹄20克

调味料

食盐、味精、白糖、淀粉、鸡汤、食用油、老抽、香油各适量

做法

1. 五花肉、马蹄均洗净，剁蓉，加入食盐、味精、淀粉打至起胶，做成四个大丸子。
2. 油锅烧热，放入大肉丸子，炸至金黄色捞出。
3. 锅内加入鸡汤，放入大肉丸子，加入食盐、味精、白糖、老抽、香油，用小火烧至汁浓，再用水淀粉勾芡，收汁装盘即成。

狮子头

材料

五花肉250克，莲藕20克，生菜50克

调味料

食盐、味精、淀粉、食用油、老抽、甜面酱各适量

做法

1. 五花肉洗净剁成肉泥；莲藕洗净切碎，与肉泥置于同一容器中，加入食盐、味精、老抽、淀粉搅拌，做成肉丸；生菜洗净摆盘
2. 油锅烧热，放入肉丸炸至金黄色，捞起控油。
3. 净锅内加水烧沸，加入肉丸烧至汤浓，加入甜面酱，收汁即可。

一品狮子头

材料

五花肉400克，莲藕20克，上海青、虾仁各100克，香菇10克

调味料

食盐、味精、白糖、淀粉、骨头汤、老抽、葱花各适量

做法

1. 五花肉、莲藕均洗净剁蓉，加入食盐、味精、淀粉搅拌，做成大肉丸子；将其余原材料洗净处理好。
2. 油锅烧热，放入丸子炸熟，捞起待用，锅内倒入骨头汤、虾仁、香菇、肉丸子，焖烧至熟，放入食盐、味精、白糖、老抽，再用水淀粉勾芡收汁，盘中铺上上海青装盘，撒上葱花即成。

肉末粽香豆腐丸

材料

五花肉、粽叶、糯米、豆腐各适量

调味料

食盐3克，味精3克

做法

1. 粽叶泡发；五花肉洗净剁碎；豆腐洗净捏碎。
2. 豆腐与肉加食盐、味精拌匀，均匀地裹上糯米，再用粽叶包成糯米球。
3. 入蒸锅蒸40分钟即可。

蟹黄狮子头

材料

五花肉200克，咸蛋黄1个，蟹黄、小白菜、马蹄各适量

调味料

食盐2克，鸡精2克，姜、蒜各少许，淀粉适量

做法

1. 五花肉洗净，去皮切蓉；蟹黄蒸熟待用；马蹄、姜分别洗净去皮切末；小白菜洗净，沥干备用。
2. 五花肉中加入蟹黄、马蹄和调味料，搅上劲后，制成一个大丸子，镶上咸蛋黄。
3. 锅内加水烧开，将丸子放入锅中，小火煨90分钟，放入小白菜稍煮即可。

清汤狮子头

材料

猪肉300克，木耳菜100克，胡萝卜50克，马蹄50克

调味料

食盐3克，鸡精3克

做法

1. 把猪肉、马蹄、胡萝卜洗净，剁碎，加入食盐、鸡精拌匀；木耳菜洗净备用。
2. 将拌好的肉挤成肉丸，净锅内加入水、肉丸子，煮30分钟。
3. 快起锅时，加入木耳菜，烧1分钟至熟即可。

蟹粉狮子头

材料

猪肉400克（瘦肉240克，肥肉160克），蒸熟的河蟹2只，青菜适量

调味料

食盐、鸡精、料酒、淀粉、姜末各适量

做法

1. 猪肉洗净，切成石榴米状；青菜洗净，分开菜心和菜叶。
2. 猪肉和蟹肉放入碗中，加入姜末、鸡精、料酒搅拌上劲。
3. 青菜心洗净过油，码入砂锅内，加入肉汤烧开。
4. 将拌好的肉馅挤成肉丸，码在菜心上，再点上蟹黄，上面盖菜叶，加盖小火焖1小时即成。

菠菜狮子头

材料

猪肉350克，蒸熟的河蟹2只，菠菜、红椒丝各适量

调味料

食盐、鸡精、料酒各适量

做法

1. 猪肉洗净，切成米粒状；菠菜洗净。
2. 把猪肉和蟹肉放入碗中，加入鸡精、食盐、料酒一起顺时针方向搅拌。
3. 将拌好的肉挤成肉丸，与菠菜一同放入砂锅中，加盖小火焖1小时，撒上红椒丝即可起锅。

西葫芦煮肉丸

材料

西葫芦、肉丸各200克，粉丝50克

调味料

食盐、味精各3克，香油、葱花各10克，清汤少许，食用油适量

做法

1. 西葫芦去皮，洗净切块；粉丝用温水泡发。
2. 油锅烧热，放入肉丸稍炸，加入西葫芦拌炒，倒入清汤烧开，再放入粉丝同煮5分钟。
3. 调入食盐、味精、香油，撒上葱花即可。

锅仔南瓜香芋煮肉丸

材料

猪肉200克，南瓜、香芋、西蓝花、胡萝卜、香菇、红椒各适量

调味料

食盐3克、鸡精2克，大蒜20克，高汤少许，食用油适量

做法

1. 猪肉、香菇洗净剁成泥，混合拌匀后，用手挤成丸子；南瓜、香芋洗净切块；红椒、胡萝卜洗净，切片；西蓝花洗净，切小块。
2. 油锅烧热，放入大蒜翻炒，再倒入高汤、肉丸、香芋、南瓜、胡萝卜、红椒、食盐、鸡精，用大火煮至七成熟时放入西蓝花，小火边煨边食。

咸黄狮子头

材料

猪肉300克，西蓝花150克，马蹄50克，鸡蛋1个

调味料

食盐、鸡精各3克，食用油、淀粉、高汤各适量，葱花10克

做法

1. 把猪肉、马蹄洗净剁碎，鸡蛋打散搅拌，加入食盐、鸡精、淀粉搅拌，做成若干个大肉丸子；西蓝花洗净备用。
2. 油锅烧热，放入大肉丸子，炸至金黄色，捞起待用。
3. 锅内加入高汤、肉丸子、西蓝花、食盐、鸡精，用小火煮熟，撒上葱花即可。

金鼎上汤独丸

材料

猪肉250克，娃娃菜100克，枸杞子、马蹄各50克

调味料

食盐3克，鸡精3克，花椒5克

做法

1. 把猪肉、马蹄洗净剁碎，加入食盐、鸡精搅拌，做成大肉丸子；娃娃菜洗净备用。
2. 锅内加入水、肉丸子、娃娃菜、枸杞子，放入食盐、鸡精、花椒，煮30分钟即可。

开泡丸子

材料

猪肉400克，菠菜100克

调味料

食盐3克，鸡精3克，食用油适量

做法

1. 把猪肉洗净剁碎，加入食盐、鸡精搅匀，做成肉丸子；菠菜洗净备用。
2. 净锅内倒油烧热后，放入肉丸炸至内熟即可捞出。
3. 净锅内倒水烧开，倒入肉丸、菠菜、食盐、鸡精煮熟即可。

客家一品炖

材料

猪肉300克，生菜100克，马蹄50克，鸡蛋1个

调味料

食盐3克，鸡精3克，食用油适量

做法

1. 把猪肉、马蹄洗净剁碎，加入食盐、鸡精搅匀后做成肉馅，中间放入鸡蛋，挤成肉丸；生菜洗净备用。
2. 净锅内倒入清水烧开，放入肉丸煮熟。
3. 再将肉丸放入烧热的油锅中炸至金黄色，捞出，把肉丸切成两半摆在生菜上即可。

锅仔烩小吃

材料

猪肉400克，上海青200克，黑木耳、胡萝卜各100克

调味料

食盐3克，鸡精3克

做法

1. 把猪肉洗净剁碎，加入食盐、鸡精搅拌后，做成肉丸子；上海青、黑木耳洗净撕片；胡萝卜洗净去皮切片。
2. 净锅中倒水烧沸，放入肉丸子、上海青、黑木耳、胡萝卜一起炖煮。
3. 加入食盐、鸡精，用小火边煨边食。

野山菌肉丸钵

材料

滑子菇200克，猪肉500克，枸杞子100克，

调味料

食盐、鸡精各3克，醋适量，葱花30克

做法

1. 把猪肉洗净剁成泥；滑子菇、枸杞子洗净。
2. 猪肉装碗，加入食盐、鸡精、水搅打，用手挤成丸子。
3. 净锅倒水烧热，放入肉丸、滑子菇、枸杞子、食盐、醋，煮熟后，撒上葱花即可。

锅仔萝卜丝丸子

材料

白萝卜200克，猪肉500克

调味料

食盐3克，鸡精3克，葱花10克

做法

1. 猪肉洗净剁成泥；加入食盐、鸡精、水搅打，用手挤成丸子；白萝卜洗净去皮，切丝。
2. 净锅倒水烧热，放入肉丸、萝卜丝、食盐、鸡精用大火煮熟，撒上葱花即可。

锅仔双丸

材料

猪肉350克，芋头、粉丝各200克，香菜少许

调味料

食盐、鸡精各3克，枸杞子、葱花各少许

做法

1. 猪肉、香菜洗净剁成泥，置于容器中，加入食盐、鸡精朝一个方向搅拌，再用手挤成丸子；粉丝泡发，待用。
2. 净锅倒水烧热，放入肉丸、粉丝、芋头、枸杞子用大火煮。
3. 加入食盐和鸡精调味，撒上葱花即可。

时蔬汆丸子

材料

娃娃菜200克，猪肉400克

调味料

食盐、鸡精各3克，生姜、葱各10克，高汤、枸杞子各适量

做法

1. 猪肉洗净剁成泥，用手挤成丸子；娃娃菜洗净；生姜去皮洗净，切片；葱洗净，切末。
2. 净锅中加入高汤和枸杞子烧开，放入肉丸，加入娃娃菜、生姜片煮熟。
3. 加入食盐和鸡精调味，撒上葱花即可。

锅仔粉丝丸子锅

材料

粉丝100克，猪肉300克，大白菜200克

调味料

食盐、鸡精各3克

做法

1. 猪肉洗净剁成泥，用手挤成丸子；大白菜洗净；粉丝用清水浸泡。
2. 净锅倒水烧热，放入肉丸、粉丝、大白菜、食盐、鸡精，用大火煮熟即可。

03

美味营养煲汤

餐桌上有一碗热气腾腾的鲜汤总是可以使人垂涎欲滴，特别是在寒冷的冬季，汤既能助人取暖，又能使人的胃口大开。但要使喝汤真正起到强身健体、防病治病的作用，在汤的制作和饮用时都要遵循一定的科学原则。

茶树菇猪肉煲

材料

茶树菇100克，猪瘦肉300克，桂圆50克

调味料

食用油、高汤各适量，食盐、味精各少许，葱花、姜末各5克

做法

1. 将猪瘦肉洗净切小块；茶树菇去根，洗净切段；桂圆洗净备用。
2. 炒锅上火，倒入水，下入猪瘦肉汆水备用。
3. 净锅上火，倒入食用油，将葱花、姜末爆香，倒入高汤，调入食盐、味精，加入猪精肉、茶树菇、桂圆煲至熟即可。

红豆黄瓜猪肉煲

材料

红豆50克，黄瓜100克，猪肉250克，陈皮3克

调味料

葱花5克，食用油、盐、高汤各适量

做法

1. 将猪肉洗净切块后汆水；黄瓜洗净改滚刀块；红豆、陈皮洗净备用。
2. 净锅上火，倒入食用油，将葱花入锅炝香，放入猪肉略煸，倒入高汤，调入食盐，倒入黄瓜、红豆、陈皮，小火煲熟即可。

节瓜瘦肉汤

材料

节瓜100克，猪瘦肉300克，莲子肉50克，香菜3克

调味料

食用油、食盐各适量，味精各3克，葱花、姜末各4克

做法

1. 将猪瘦肉洗净，切片；节瓜去皮洗净，切片；莲子肉洗净备用。
2. 猪瘦肉汆水后，捞起冲净备用。
3. 净锅上火，倒入食用油，将葱花、姜末爆香，倒入水，调入食盐、味精，放入猪瘦肉、节瓜、莲子肉，小火煲熟，撒入香菜即可。

苦瓜煲五花肉

材料

苦瓜50克，五花肉200克，水发黑木耳10克

调味料

食用油、食盐各适量，老抽2毫升，蒜片5克

做法

1. 将五花肉洗净，切块；水发黑木耳洗净，撕成小朵备用。
2. 净锅上火，倒入食用油，将蒜片爆香，放入五花肉煸炒，烹入老抽，放入苦瓜、水发黑木耳，倒入清水，调入食盐，至熟即可。

南北杏猪肉煲

材料

南杏、北杏各100克，猪瘦肉250克

调味料

味精、葱花各3克，食用油、食盐、高汤各适量

做法

1. 将猪瘦肉洗净，切块后汆水；南杏、北杏洗净备用。
2. 净锅上火，倒入食用油，将葱花炝香，倒入高汤，调入食盐、味精，放入猪瘦肉、南杏、北杏煲熟即可。

金针菇瘦肉汤

材料

金针菇100克，香菜10克，猪瘦肉200克

调味料

鸡精3克，葱花、姜末各5克，食用油、食盐、香油、高汤各适量

做法

1. 将猪瘦肉洗净，切丁；金针菇、香菜去根洗净，切段备用。
2. 净锅上火，倒入食用油，将葱花、姜末爆香，放入猪瘦肉煸炒，倒入金针菇，调入食盐、鸡精，大火烧开，淋入香油，撒入香菜即可。

灵芝肉片汤

材料

灵芝12克，猪瘦肉150克，党参10克

调味料

食用油、食盐、香油各适量，味精3克，葱花、姜片各5克

做法

❶ 将猪瘦肉洗净，切片；党参、灵芝用温水略泡备用。

❷ 净锅上火，倒入食用油，将葱花、姜片爆香，放入肉片煸炒，倒入清水烧开，放入党参、灵芝，调入食盐、味精煲熟，淋入香油即可。

药膳瘦肉汤

材料

玄参5克，生地3克，猪瘦肉120克，黄豆芽20克，红枣8颗

调味料

清汤适量，食盐5克，姜片3克

做法

❶ 将猪瘦肉洗净，切块；黄豆芽去根，洗净备用。

❷ 净锅上火，倒入清汤，放入姜片、玄参、生地烧开至汤色较浓时，捞出材料，再放入猪瘦肉、红枣、黄豆芽，调入食盐烧沸，撇去浮沫至熟即可。

上海青枸杞肉汤

材料

上海青100克，枸杞子10粒，猪瘦肉200克

调味料

高汤适量，食盐3克，胡椒粉5克，香油4毫升

做法

1. 将猪瘦肉洗净，切片；上海青洗净备用；枸杞子用温水浸泡备用。
2. 汤锅上火，倒入高汤，放入猪瘦肉烧开，撇去浮沫，放入上海青、枸杞子，调入食盐、胡椒粉至熟，淋入香油即可。

茭白瘦肉煲

材料

茭白100克，香菜2克，猪瘦肉150克

调味料

食用油、食盐各适量，味精、葱花各3克

做法

1. 将猪瘦肉洗净汆水；茭白洗净，切片备用。
2. 炒锅上火，倒入食用油，将葱花炝香，倒入水，放入瘦肉、茭白，调入食盐、味精煲至熟，撒入香菜即可。

枸杞香菇瘦肉汤

材料

猪瘦肉200克，香菇50克，党参4克，枸杞子2克

调味料

食盐6克

做法

1. 将猪瘦肉洗净，切丁；香菇洗净，切丁；党参、枸杞子均洗净备用。
2. 净锅上火，倒入水，调入食盐，下入猪瘦肉烧开，撇去浮沫，再放入香菇、党参、枸杞子煲熟即可。

冬瓜党参肉片汤

材料

冬瓜50克，党参适量，猪瘦肉200克

调味料

食盐适量

做法

1. 将猪瘦肉洗净，切片；冬瓜去皮洗净，切片；党参洗净备用。
2. 汤锅上火，倒入水，放入猪瘦肉、冬瓜、党参，调入食盐煮至熟即可。

瘦肉香菇黄瓜汤

材料

猪瘦肉100克，香菇10克，黄瓜75克

调味料

食用油、食盐各适量，味精、葱花、姜片各3克，香油2毫升，老抽3毫升

做法

1. 将猪瘦肉洗净汆水；黄瓜洗净切片；香菇去根洗净，改刀备用。
2. 净锅上火，倒入食用油，将葱花、姜片炝香，烹入老抽，倒入水，调入食盐、味精，放入肉片、黄瓜、香菇烧开煲熟，淋入香油即可。

海底椰红枣瘦肉汤

材料

水发海底椰175克，红枣、雪梨各10克，猪瘦肉50克

调味料

食盐5克，白糖3克

做法

1. 将水发海底椰洗净切片；猪瘦肉洗净切片；红枣洗净；雪梨去皮、核，洗净切片备用。
2. 净锅上火，倒入适量清水，调入食盐、白糖，放入水发海底椰、猪瘦肉、红枣、雪梨烧开，撇去浮沫，煲至熟即可。

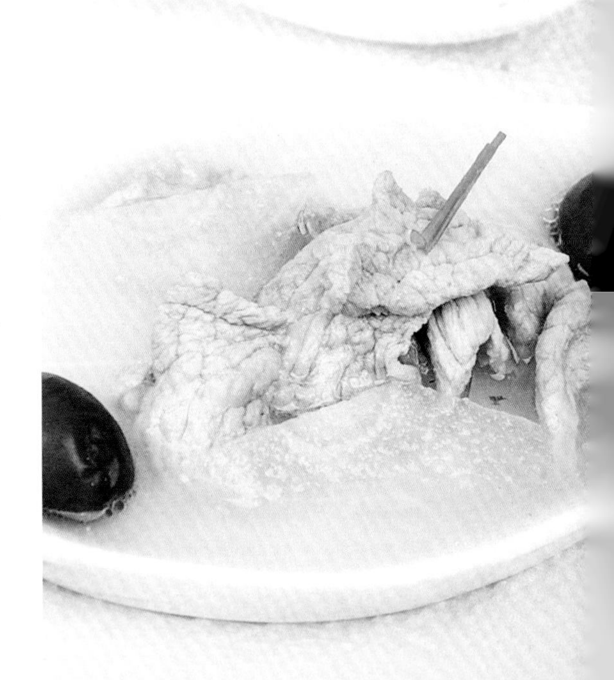

冬瓜玉子煲猪肉

材料

冬瓜200克，玉子豆腐150克，猪肉150克，红椒10克

调味料

食盐3克，葱10克，鸡精2克，食用油适量

做法

1. 猪肉洗净，切块；冬瓜去皮去籽，洗净切块，摆在煲内；红椒去蒂洗净，切片；葱洗净，切段。
2. 热锅下油，放入肉块炒至五成熟，再放入红椒、玉子豆腐，加入食盐、鸡精调味，盛在煲内，倒入适量清水，加入葱段，将煲盖盖上，置于火上，炖煮至熟即可。

莲藕煲猪肉

材料

莲藕250克，猪肉250克，香菜叶少许

调味料

食盐3克，鸡精2克，香油少许，食用油适量

做法

1. 猪肉洗净，切块；莲藕去皮洗净，切块；香菜叶洗净备用。
2. 起油锅，放入猪肉炒至五成熟时，加入莲藕翻炒，加入食盐、鸡精调味，加适量清水，炖煮至熟装盘，淋入适量香油，用香菜叶点缀即可。

咸菜肉丝蛋花汤

材料

咸菜100克，猪瘦肉75克，鸡蛋1个，胡萝卜30克

调味料

食用油、老抽各适量

做法

1. 将咸菜、猪瘦肉洗净切丝；胡萝卜去皮洗净，切丝；鸡蛋打入容器后搅匀备用。
2. 净锅上火，倒入食用油，放入肉丝煸炒，再放入胡萝卜丝、咸菜丝稍炒，烹入老抽，倒入水煲至熟，淋入鸡蛋液即可。

猪肉芋头香菇煲

材料

猪肉90克，芋头200克，香菜末3克，香菇8朵

调味料

八角1个，葱末、姜末各2克，食用油、食盐、老抽各适量

做法

1. 将芋头去皮洗净后切滚刀块；猪肉洗净切片；香菇洗净切块备用。
2. 净锅上火，倒入食用油，将葱末、姜末、八角爆香，放入猪肉煸炒，烹入老抽，放入芋头、香菇同炒，倒入清水，调入食盐煲至熟，撒上香菜末即可。

黄油蘑清蒸肉

材料

黄油蘑200克，猪肉200克，白菜150克

调味料

食盐3克，鸡精2克，红油、鲜汤各适量

做法

❶ 猪肉洗净，放入蒸锅蒸熟后，取出切块；黄油蘑洗净，切块；白菜洗净，撕成小片。

❷ 将黄油蘑、白菜、猪肉放入干锅翻炒至熟，加入食盐、鸡精、红油、鲜汤调味，大火炖煮至熟即可。

青苹果瘦肉汤

材料

青苹果1个，猪里脊肉200克，豌豆40克

调味料

食盐3克

做法

❶ 将猪里脊肉洗净，切成厚片；青苹果洗净削皮，切成四半后，去掉内核；豌豆洗净待用。

❷ 将砂锅置于火上，加入适量清水，把肉片和苹果放入锅内，大火烧沸后转小火煮20分钟。

❸ 再放入豌豆，小火煮15分钟，加入食盐调味即可。

锅仔银丝肉燕

材料

猪肉300克，白萝卜200克，红椒、香菜、肉燕皮各适量

调味料

食盐3克，鸡汤适量

做法

❶ 猪肉洗净，剁蓉；白萝卜去皮洗净，切丝；红椒去蒂洗净，切丝；香菜洗净备用。

❷ 将猪肉加适量食盐拌匀，用肉燕皮做成肉燕备用。

❸ 将白萝卜、肉燕一起放入干锅，加入食盐、鸡汤，炖煮至熟，用红椒、香菜点缀即可。

酸菜肉片汤

材料

酸菜100克，猪肉200克

调味料

食盐3克，葱5克，鸡精2克，食用油、鲜汤各适量

做法

❶ 猪肉洗净，切片；酸菜洗净，切碎；葱洗净，切末。

❷ 油锅烧热，放入肉片煸炒，炒至肉片变色后倒入鲜汤，放入酸菜，煮至猪肉和酸菜均熟透时，加入食盐、鸡精调味，撒上葱花即可。

丝瓜肉片汤

材料

丝瓜150克，猪瘦肉100克

调味料

食用油、清汤、食盐、味精、香油、葱、姜、水淀粉各适量

做法

1. 猪瘦肉洗净，切成薄片；丝瓜去皮洗净，切成片；葱、姜洗净，切末。
2. 肉片过油锅后，捞出沥油。
3. 炒锅上火，加食用油烧热，放入葱末、姜末爆香，放入肉片炒至发白，加入丝瓜、清汤、食盐、味精烧沸，用水淀粉勾芡，淋上几滴香油即成。

豆花肉片汤

材料

豆花150克，猪肉150克，黄豆20克

调味料

食盐3克，葱5克，食用油、红油各适量

做法

1. 猪肉洗净，切片；黄豆洗净备用；葱洗净，切末。
2. 热锅下油，放入黄豆炸熟，放入猪肉、豆花，加入食盐、红油、适量清水，炖煮至熟，撒上葱花即可。

榨菜肉丝汤

材料

榨菜150克，猪肉200克

调味料

食盐2克，鸡精2克，食用油适量

做法

1. 猪肉洗净，切丝；榨菜洗净，切丝。
2. 热锅下油，放入肉丝翻炒片刻，再放入榨菜丝，加适量清水，煮沸。
3. 加入食盐、鸡精调味，盛盘即可。

萝卜肉丝汤

材料

白萝卜250克，猪肉200克，胡萝卜少许

调味料

食盐3克，葱5克，食用油、鸡汤各适量

做法

1. 猪肉洗净，切丝；白萝卜去皮洗净，切丝；胡萝卜去皮洗净，切丝；葱洗净，切末。
2. 净锅下油烧热，倒入鸡汤，放入白萝卜、胡萝卜、猪肉，一起炖煮至熟。
3. 加入食盐调味，撒上葱花即可。

川临蒸酥肉

材料

猪肉300克，芥菜100克

调味料

食盐3克，葱花5克，食用油、味精、生抽、醋、高汤各适量

做法

1. 猪肉洗净，切片，放入碗中；芥菜洗净备用。
2. 热锅下油，放入肉片炸成金黄色后捞出。
3. 把炸好的肉片放在深碗中，加入高汤，没过肉片即可，加入芥菜、食盐、味精、生抽，以大火蒸20分钟，加少许醋，再放入葱花即可。

锅仔小酥肉

材料

五花肉350克，黄豆芽100克，鸡蛋2个，香菜少许

调味料

食盐3克，淀粉130克，老抽少许，食用油适量，干红辣椒10克

做法

1. 黄豆芽、香菜均洗净备用；五花肉洗净，切片；干红辣椒洗净，切段。
2. 淀粉、鸡蛋混合后，加入肉片拌匀，腌渍5分钟。
3. 锅中放油烧热，放入五花肉，以中火炸至金黄色后，加入汤汁炖煮20分钟，加入黄豆芽、干红辣椒、食盐、老抽调味，最后撒上香菜即可。

清补肉汤

材料

山药、薏米、芡实、百合、莲子各15克，玉竹10克，猪瘦肉200克

调味料

食盐3克

做法

1. 猪瘦肉洗净，切成粗条，放入沸水中汆一下，捞出备用。
2. 山药、薏米、芡实、百合、莲子、玉竹分别洗净，沥干水分备用。
3. 将所有原料放入锅内，加适量清水，以小火煲2个半小时，加入食盐调味即可。

白菜红枣烧肉汤

材料

白菜150克，红枣5颗，烧肉300克

调味料

味精、姜片、食盐、香油各适量

做法

1. 白菜去老叶，洗净切段备用。
2. 红枣洗净，去核；烧肉切厚片，待用。
3. 锅上火加水，放入烧肉、红枣、姜片煮1小时至软，再放入白菜稍煮，加入食盐、味精和香油调味即可。

陈皮瘦肉汤

材料

陈皮3克，猪瘦肉200克

调味料

食用油、食盐、葱段各适量

做法

1. 陈皮洗净切小片；猪肉洗净，切片。
2. 净锅放入食用油，烧热后，放入猪肉片、葱段。
3. 炒片刻，加入陈皮，加适量清水煮熟，再放入食盐调味即可。

灵芝红枣瘦肉汤

材料

灵芝4克，红枣4颗，猪瘦肉300克

调味料

食盐6克

做法

1. 将猪瘦肉洗净切片；灵芝、红枣洗净备用。
2. 净锅上火，倒入清水，调入食盐，放入猪瘦肉烧开，撇去浮沫，放入灵芝、红枣煲至熟即可。

番茄瘦肉汤

材料

番茄2个，瘦肉200克

调味料

食盐4克，味精2克，花生油、高汤各适量

做法

❶ 将瘦肉洗净切成丝；番茄洗净切成块。

❷ 锅中加水烧开，放入番茄块稍焯后，捞出沥水。

❸ 锅中加花生油烧热，放入肉丝炒至变色后，再加入番茄炒匀，加入高汤煮沸，调入食盐和鸡精调味即可。

鲜蔬连锅汤

材料

芥菜100克，猪肉300克

调味料

花椒粒5克，食盐6克，老抽15毫升，辣豆瓣酱20克，醋、红油、香油、食用油各适量，葱20克，姜15克

做法

❶ 猪肉洗净切块；葱洗净切段；姜去皮洗净，切片；芥菜洗净切段。

❷ 锅中入油烧热，放入猪肉炒香，加入适量水、花椒粒、葱段、姜片，以小火煮半小时。

❸ 调入食盐、醋及剩余调味料，煮至入味即可。

蘑菇肉片汤

材料

蘑菇250克，猪瘦肉150克

调味料

姜片10克，胡椒3克，味精、食盐各5克，香油、鲜汤、葱段各适量

做法

❶ 蘑菇洗净，改刀成块；猪瘦肉洗净切成片。

❷ 锅置大火上，加入鲜汤，烧开后放入蘑菇、肉片同煮10分钟。

❸ 最后放入姜片、胡椒、味精、食盐、葱段，淋上少许香油即成。

山药牛奶炖猪肉

材料

山药100克，牛奶1盒，猪瘦肉500克

调味料

食盐、葱、姜片各少许

做法

❶ 猪瘦肉洗净切成块，汆水；山药去皮洗净切块；葱洗净切末。

❷ 将猪瘦肉与生姜片放入锅内，加适量水，煮10分钟，加入洗净的山药，用小火熬煮软熟。

❸ 加入牛奶、食盐烧沸，撒上葱花即成。

白瓜咸蛋瘦肉汤

材料

白瓜500克，咸蛋1个，猪瘦肉450克

调味料

食用油适量，味精1克，淀粉3克，老抽5毫升，食盐、白糖各5克

做法

1. 白瓜剖开去瓤，洗净，切片；咸蛋去壳备用。
2. 猪瘦肉洗净切片，加入食用油、食盐、白糖、味精、淀粉、老抽拌匀，腌30分钟。
3. 将适量清水放入瓦煲内，煮沸后加入白瓜及咸蛋，煲20分钟左右，放入瘦肉，滚至瘦肉熟，加入食盐调味即可。

三丝汤

材料

猪瘦肉100克，粉丝25克，番茄20克

调味料

食盐3克，味精1克，料酒15毫升，香油少许，高汤适量

做法

1. 猪肉、番茄均洗净，切丝；粉丝用温水泡软。
2. 炒锅上火，加入高汤烧开，加入肉丝、番茄丝、粉丝。
3. 待汤沸，加入料酒、食盐、味精调味，淋入香油即可。

猪肉大白菜锅

材料

猪肉300克，大白菜100克

调味料

食盐3克，食用油、姜各适量

做法

1. 猪瘦肉洗净切片，加适量盐拌匀腌制5分钟；大白菜洗净，撕成小片备用；姜去皮洗净，切末。
2. 油锅烧热，放入肉片慢慢炸至表面变黄，加入适量清水。
3. 大火将汤汁烧开后，加盖用中小火慢慢炖半小时，直至酥肉软烂，汤汁变浓，再加入食盐、姜、大白菜煮熟即可。

上汤酥肉

材料

猪肉400克，红椒100克，香菜、鸡蛋液各适量

调味料

食盐3克，食用油、姜末各适量

做法

1. 猪肉洗净切片，放入鸡蛋液中，裹上一层鸡蛋液；红椒去蒂洗净切片；香菜洗净备用。
2. 油锅烧热，放入肉片慢慢炸至表面金黄后，加入适量清水。
3. 将汤汁烧开后，用中小火慢炖20分钟，再加入食盐、姜末、香菜、红椒煮熟即可。

香汤水煮肉

材料

猪肉500克，香菜少许

调味料

食盐3克，葱5克，花椒、蒜各5克，食用油、辣椒酱、红油、醋、料酒各适量

做法

1. 猪肉洗净，切片；香菜洗净备用；葱洗净，切末；蒜去皮洗净，切末。
2. 热锅下油，加入蒜末、花椒爆香，再放入猪肉炒至变色，加入食盐、辣椒酱、红油、醋、料酒炒匀，加入适量清水，煮至熟透，撒上葱花。
3. 用香菜叶点缀即可。

葛根猪肉汤

材料

葛根40克，猪肉250克

调味料

食盐、味精、葱花、胡椒粉、香油各适量

做法

1. 猪肉洗净，切成小方块；葛根洗净，切块。
2. 锅中加水烧开，放入猪肉块焯去血水后取出。
3. 将猪肉放入砂锅，加入适量清水，待猪肉煮熟后，再加入葛根和食盐、味精、葱花、香油等，稍煮片刻，撒上胡椒粉即成。